잃어버린
수학을
찾아서 ❸

피타고라스 학파의 집단살인

무리수는 무엇인가

잃어버린 수학을 찾아서 ③
피타고라스학파의 집단살인

2017년 5월 30일 초판 1쇄 펴냄
2019년 5월 20일 초판 3쇄 펴냄

지은이 박영훈
디자인 노성일 designer.noh@gmail.com
펴낸이 이상
펴낸곳 가갸날
주 소 10386 경기도 고양시 일산서구 강선로 49 BYC 402호
전 화 070 8806 4062
팩 스 0303-3443-4062
이메일 gagyapub@naver.com
블로그 blog.naver.com/gagyapub
페이지 www.facebook.com/gagyapub

ISBN 979-11-87949-05-3 04410
979-11-87949-03-9 04410 (세트)

이 도서의 국립중앙도서관 출판예정도서목록(CIP)은 서지정보유통지원시스템 홈페이지(http://seoji.nl.go.kr)와 국가자료공동목록시스템(http://www.nl.go.kr/kolisnet)에서 이용하실 수 있습니다. (CIP제어번호 : CIP2017009657)

잃어버린
수학을
찾아서 ❸

피타고라스 학파의 집단살인

무리수는 무엇인가

박영훈 지음

가갸날

잃어버린 수학을 찾아서

12년 동안 수학을 배운다. 그렇게 긴 시간과 많은 노력을 들여 고생했건만, 그 내용이 실제 수학이라는 학문의 본질과는 거리가 멀다는 사실을 깨닫게 된다면 정말 허탈할 것이다. 하지만 사실이다. 일반인에게는 잘 알려져 있지 않지만, 대학의 수학과에서도 적지 않은 수포자가 나온다. 그들은 고등학교 때까지 수학을 잘한다고 부러움을 사던 학생들이다. 학문으로서의 수학이 그전까지 배운 수학과 너무 달라서 끝내 좌절하고 만 것이다.

문제는 학교 수학에 있다. 학교에서 가르치고 배우는 수학 지식의 대부분은 2천년 이전의 것으로 고리타분 그 자체이다. 새로운 내용은 미적분과 확률 정도인데, 그마저도 3,4백 년 전의 것이다. 음악으로 치면 고대 바빌로니아의 음악이나 기껏 비발디나 헨델 시대의 바로크 음악에 머무는 셈이다. 모차르트나 베토벤의 음악조차 만나지 못하는 것과 진배없다.

반드시 새로운 것을 가르쳐야 한다고 주장하는 것은 아니다. 비발디의 〈사계〉나 헨델의 〈오라토리오〉가 여전히 고전이듯이, 유클리드의 기하학과 8,9세기 아랍에서 유래한 대수학은 오늘날에도 유용하다. 문제는 이들 옛날 수학의 대부분이 회계나 토지 측량 같은 실용적인 필요에 의해 탄생했다는 점이다. 그래서 '이렇게 저렇게 따라 하면 답을 구할 수 있다'는 마치 요리책에 담긴 레시피를 알려주는 수준에 불과하다.

냉정하게 말하면 오늘의 학교 수학은 여전히 요리책 수준에 머물러 있다. 그러니 사람들이 수학 학습을 요리 레시피를 익히는 것쯤으로 인식하는 것은 지극히 당연하다. '이 공식에 대입하여 이렇게 식을 조작하면 답이 나온다'는 기계적인 문제 풀이를 수학이라고 생각하는 것이다. 그 결과 많은 시간을 들여 수학을 공부했건만 정작 수학이 무엇인지는 알지 못한다. 분수 계산은 할 수 있어도 분수가 유리수와 어떻게 다른지, 삼각형의 세 가지 합동조건은 줄줄 암송해도 그 의미가 무엇인지는 모른다. 나는 이를 '내비게이션 수학'이라고 규정한다. 내비게이션의 지시대로 운전해 정확하게 목적지에 도착했건만, 정작 어떤 길을 따라 운전했는지 알지 못하는 것과 같다.

물론 수학은 문제를 해결하는 학문이다. 표준적인 풀이 방식의 습득은 필요하다. 적용할 공식이나 따라야 할 절차를 찾아보는 것도 필요하다. 하지만 거기에 그쳐서는 안된다. 실제 수학 문제는 숫자를 대입하면 되는 공식이나 풀이가 유사한 문제를 찾아서 해결할 수 없는 경우가 더 많다.

문제가 무엇인지를 생각하는 것, 그것이 답이다. 누군가가 분류해놓은 문제의 유형에 주목하기보다는, 문제가 말하는 것이 무엇인지를 제대로 파악하고 생각해야 한다. 수학 지식의 의미를 파고드는 '수학적 사고'야말로 수학의 본질이고 핵심이다.

이제는 내비게이션 수학에서 탈피해야 할 때다. 내비게이션이 지시하는 대로 따라가다가 무심코 지나쳤던 길이 어떤 길이었는지 되돌아볼 수 있어야 한다. 도중에 왜 마을이 들어섰는지도 잠시 살피고, 전망 좋은 곳에 들러 멋진 경치를 감상하는 여유도 만끽하자.

'잃어버린 수학을 찾아서' 시리즈는 초등학교에 갓 입학하며 배우는 아라비아 숫자와 간단한 곱셈구구에서부터 미적분과 확률에 이르는 수학의 궤적을 새로운 패러다임으로 되짚어가는 야심 찬 기획물이다. 수학의 넓은 대지를 문명사적으로 종횡으로 누비며 수학의 본령에 다가가는 이 같은 시도는 국내에서는 물론 처음이거니와 해외에서도 사례를 찾기 어려울 것이다. 이 시리즈가 더 나은 가르침을 주고 싶은 교사들과 교과서 너머의 지식에 목말라 하는 학생들, 그리고 삶의 여정 속에서 수학 지식의 유용함을 믿는 신실한 이들에게 귀한 자양분이 되었으면 좋겠다. 부디 비틀스의 음악에서 베토벤의 선율을 발견할 수 있기를!

책머리에

중학교 수학 시간에 유리수와 무리수를 배운다. 교과서는 유리수를 정의한 다음 무리수는 단지 '유리수가 아닌 수'라고 기술하고 있을 뿐이다. 실제 무리수가 무엇인지 알려주지 않는다. 무리수의 본질에 접근하는 것이 이 책의 주제이다. 피타고라스의 제자였던 히파수스의 죽음을 배경으로 다음과 같은 순서로 구성하였다.

먼저 피타고라스가 살았던 고대 그리스인들의 수 개념을 들여다본다. 그들은 오늘날의 우리와는 달리 기하학적 관점에서 수를 바라보았다. 그 배경과 논리를 추적해가다 보면 유리수와 제곱근이 무엇인지 그리고 수학에서 증명이 무엇인지 실체가 떠오를 것이다. 이어서 피타고라스학파가 왜 수에 그토록 집착했는가를 밝힌다. 초등학교 학생은 물론이고 남녀노소 누구라도 읽을 수 있다.

이 책의 중심 주제인 무리수의 본질을 추적하는 내용이 뒤를 잇는다. 초반부는 초등학교 학생도 이해할 수 있지만, 중반을 넘어서면 중학교 3학년 수준의 이해도에 적합한 내용이다. 실생활에 적용된 무리수의 사례로서 우리에게 친숙한 A4용지를 살펴본다. 용지 제작과정이 수학적이어야 하는 이유를 통해 무리수가 교과서 속의 이야기만이 아님을 알 수 있다. 중학교에서 배우는 이차방정식을 풀 수 있다면 수학적 문제 해결이 무엇인지 이해할 수 있다. 또 하나의 무리수인 원주율의 근삿값을 고대 이집트인들이 어떻게 구했는지, 그리고 숫자 이름에 황금이 들어간 '황금비'에 대한 이야기는 무리수에 대한 이해를 더욱 심화시켜줄 것이다.

아무쪼록 이 책을 통해 무리수와 유리수를 포함한 실수라는 수 체계의 완성이 이루어질 수 있기를 기대한다.

2017년 5월

박영훈

차례

프롤로그

집단살인을 부른 무리수

'뭍으로 둘러싸인 육지 한가운데 바다', 코발트빛 푸른 물결과 쪽빛 하늘이 아름다움을 다투는 곳. 아프리카, 유럽, 아시아, 세 개의 대륙이 에워싸고 있는 바다 지중해는 쾌청한 날이면 눈이 부셔서 똑바로 쳐다보기도 어렵다. 바라보는 각도에 따라 이리저리 반짝거리는 통에 그 깊이는 가늠조차 할 수 없다. 그래서였을까? 바라보는 사람의 기분에 따라 천태만상의 조화가 펼쳐지는 그곳 바다를 '블루의 향연'이라고 묘사한 것은.

고대 그리스 수학의 발자취를 따라 거슬러 올라가다 보면, 어

피타고라스가 태어난 지중해 사모스 섬.

느덧 이곳 지중해에 머물고 있는 자신을 발견하게 된다. 그런데 '블루의 향연'이 펼쳐지는 시리게 아름다운 바다에서 끔찍한 집단살인 사건 이야기를 듣게 될 줄이야. 수학이라는 학문이 집단살인 범죄와 관련 있다는 사실은 대부분 금시초문일 것이다. 살인을 저지른 사람들은 오늘날 우리에게도 널리 알려진 피타고라스학파였다. 희생자는 히파수스라는 수학자로 그 또한 피타고라스의 제자였다. 누구라도 듣는 귀를 의심하지 않을 수 없을 것이다.

왜 그랬을까? 도대체 무엇 때문에? 이제부터 사건의 실상을 추적해보자. 전모를 밝히는 것이 가능할지 모르겠지만, 그 과정은 수학이라는 학문의 본질을 새롭게 재발견하는 기회이기도 하다. 복잡한 수식과 뜻 모를 기호로 점철된 수학! 하지만 그 속에는 흥미진진한 사람들의 삶의 모습이 들어 있다. 오늘날 우리에게 전해지기까지 수많은 사람들의 힘겨운 지적 투쟁의 산물이라는 사실을 발견할 수 있으면 좋으련만. 사람들이 옷을 입는 패션 스타일이 유행에 따라 달라지듯이, 수학도 한 시대의 사회나 문화로부터 결코 떼려야 뗄 수 없다. 그렇게 숱한 이들의 체취가 배어들고, 그들의 지성과 감성이 어우러져 만들어낸 창조물이 수학이다.

살인사건을 추적해가는 여정은 말 그대로 수학에서 사람의 체취를 찾아내는 과정이다. 기대해보자. 수학이 탄생했다는 바로 이곳 지중해에서 무엇을 건져 올리게 될지. 이런저런 상념에 잠기다 보니, 2,500년 전 어느 날의 상황이 시네마스코프처럼 또렷이 눈앞에 떠오른다.

"배신자를 물에 처넣어라."

배에 타고 있던 사람들이 성난 목소리로 외쳤다. 그들은 결박당한 사람을 에워싸고 있었다. 히파수스였다.

"아니오, 아닙니다. 나는 결코 배신자가 아닙니다."

무릎 꿇린 히파수스는 고개를 가로저으며 말했다. 이미 지칠 대로 지친 그의 목소리에는 힘이 들어 있지 않았다.

"히파수스, 너는 우리의 서약을 깨뜨렸으니 엄중한 벌을 받아 마땅하다."

무리 중의 우두머리가 꾸짖으며 말을 이어갔다.

"우리는 그것이 결코 수가 아니며, 수로 인정할 수 없다는 사실을 그토록 강조했다. 그럼에도 히파수스 너는 무엄하게도 계속 수라고 주장했을 뿐만 아니라, 다른 사람에게 발설하였다. 그러한 행동이 우리 피타고라스학파 전체의 존립을 위태롭게 한다는 사실을 너는 누구보다 잘 알고 있다. 도저히 용서할 수 없는 일이다."

히파수스는 마지막 남은 기운을 모아 저항했다.

"제 입으로 수가 아니라 한들 무슨 소용이 있나요? 지금까지는 우리가 알 수 없어 그랬던 것이죠. 하지만 이제는 수로 인정해야 합니다. 그 사실은 결코 변함이…."

히파수스가 소신을 꺾지 않자 무리의 분노는 극에 달했다. 그의 말이 채 끝나기도 전에 사람들이 고함을 지르며 달려들었다. 그리고 그를 바다에 던져버렸다. 배신자는 이내 지중해의 푸른 물결 속으로 자취를 감추고 말았다.

이야기는 그렇게 전해 내려오고 있었다. 실제 사건의 자초지종이 어떠했는지 자세히 알 수는 없다. 그래도 그들 사이의 격한 대립과 다툼은 충분히 짐작할 수 있다. 너무 불공평하지 않은가? 피타고라스학파라는 한 무리의 집단과 그들에 맞서 목숨을 내놓으며 자신의 주장을 굽히지 않았던 히파수스라는 단 한 사람. 도

무리수 때문에 죽임을 당했다고 알려진 히파수스.

대체 그런 일이 있을 수 있을까?

역사는 반복된다고 했던가. 그렇다면 비슷한 사건이 또 있을 것이다. 그렇다. 히파수스가 살해된 지 2천여 년이 지난 1633년의 이탈리아로 시선을 돌려보자. 주인공은 근대 과학혁명을 주도한 사람 가운데 하나인 갈릴레오 갈릴레이다. 천동설이 지배하던 시대에 지동설을 주장한 갈릴레이. 결국 그는 종교재판에 넘겨졌다. 교황청은 그에게 이렇게 제안했다.

"지동설을 부인하고 천동설이 옳다고 인정하면 목숨은 살려 주겠다."

히파수스가 피타고라스의 충실한 제자였듯이, 갈릴레이는 독실한 가톨릭 신자였다. 그러나 갈릴레이는 재판에서 자신의 의

견을 철회하고 말았다. 자신의 생명을 걸었던 히파수스와는 다른 선택을 한 것이다. 겨우 목숨을 지킨 갈릴레이는 법정을 나오면서 "그래도 지구는 돈다"는 말을 남겼다던가.

객관적이고 합리적인 과학이라 하더라도 얼마든지 종교 잣대와 정치 논리에 의해 부정되고 이단으로 몰릴 수 있음을 보여주는 사건이다. 기독교 역사에 큰 오점을 남긴 스캔들 가운데 하나다. 이보다 훨씬 이전에 발생한 히파수스 살인사건은 역사 기록에 나타나지 않는다. 그래도 갈릴레이 사건 못지않은, 아니 그보다 더한 스캔들이 아닐 수 없다. 이미 고대 그리스 시대부터 진리를 종교적 믿음과 구별하지 못한 채 이단으로 몰아 죄악시하는 선례를 남긴 것이다.

히파수스는 왜 갈릴레이와 다른 선택을 했을까? 쉽게 이해되지 않는다. 갈릴레이는 태양이 아니라 지구가 움직인다는 위대한 발견을 하였지만, 그 엄연한 사실을 부인하고 자신의 목숨을 지켰다. 대조적으로 히파수스는 생명을 잃으면서도 자신의 주장을 끝까지 고수했다. 그런데, 그런데, 그 이유가 고작 수 때문이라니! 과연 이를 납득할 수 있는 사람이 얼마나 될까? 도대체 그것은 어떤 수였을까? 그것이 무엇이기에 '하나의 수로 인정해야 한다'는 주장과 '애초부터 수로 인정할 수 없다'는 주장이 팽팽하게 맞섰던 것일까? 그리고 급기야 집단살인이라는 끔찍한 비극으로 결말나게 되었을까? 고개가 갸우뚱거려질 만큼 해괴하기 짝이 없다.

1. 도형에서 수를 생각하다

제대로 된 숫자도 없던 고대 그리스

피타고라스학파의 집단살인 사건을 불러온 논쟁의 발단은 무척이나 단순하다. 중학교 3학년이면 누구나 잘 알고 있는 무리수 때문이니까. 가장 간단한 무리수의 예를 그림에서 찾을 수 있다. 한 변의 길이가 1인 정사각형에서 대각선의 길이를 나타낼 때 필요한 수가 그것이다. 이 대각선의 길이가 왜 무리수인지는 고사하고 일단 이 대각선의 길이가 무리수라는 사실도 접어둔 채, 그것이 무엇인지조차 전혀 모른다고 가정하자. 그래서 그림에서와 같이 x라 표기하자.

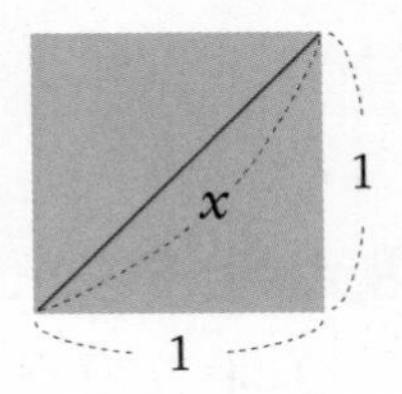

한 변의 길이가 1인 이 정사각형의 넓이는 물론 1이다. 이제 이와 똑같은 정사각형 4개를 그림과 같이 연결해보자. 한 변의 길이가 2인 새로운 정사각형이 만들어지고 그 넓이는 당연히 4이다. 앞에서 보았던 한 변의 길이가 1인 정사각형의 대각선은 이 큰 정사각형에서 노란색을 넣은 선으로 구분하였다. 이 네 개의 선분으로 이루어진 또 하나의 새로운 사각형에 주목하자.

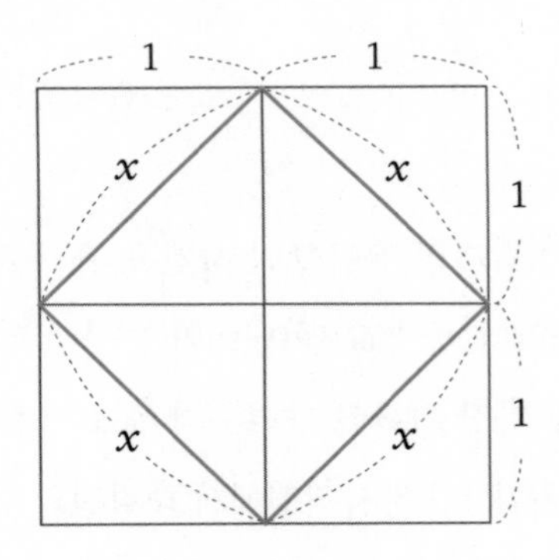

물론 이 사각형은 정사각형이다. 네 변의 길이가 모두 같고 네 개의 내각도 각각 45도와 45도를 합한 90도가 되므로 분명히 정사각형이다. 그렇다면 이 정사각형의 넓이는 얼마일까? 전체 정사각형의 넓이가 4이므로 그 절반인 2이다. 그 이유 또한 다음과 같이 논리적으로 밝힐 수 있다.

'원래 한 변의 길이가 1이었던 작은 정사각형을 대각선으로 이등분한 직각삼각형의 넓이는 1/2이다. 그 직각삼각형 4개가 모여 있으니 넓이는 당연히 2가 된다.'

지금쯤 분명하게 말할 수는 없지만, 무언가 약간 비틀려 아귀가 잘 맞아떨어지지 않음을 혹시 느낄 수 있는가? 만일 그렇다면 당신은 매우 감각이 있는 예민한 독자이다. 유리수나 무리수 같은 수 이야기를 한다고 했다가 갑자기 정사각형의 대각선이나 넓이 같은 기하학 도형의 세계를 늘어놓고 있음을 발견했으니. 필자의 실수일까?

이런 생각을 해보자. 고대 그리스인들에게는 아라비아 숫자가 없지 않은가. 그렇다면 그들은 수를 어떻게 기록했을지 자못 궁금해진다. 모로코 태생의 프랑스인 수학자 조르주 이프라Georges Ifrah의 《숫자의 탄생》을 근거로 추적해보자.

호메로스 시대인 기원전 9~8세기의 그리스인들은 십진법에 기초하여 1, 10, 100, 1000, 10000을 나타내는 기호로 수를 표기하였다. 그 이전 문명이었던 크레타인들한테 전수받은 것이다.

丨	—	○	-○- (세로선이 위아래로 관통)	-⊖- (가로선이 있는 원)
1	10	100	1000	10000

위의 그림에서와 같이 1은 작은 수직선, 10은 수평선, 100은 원, 1000은 장식이 붙은 원으로 표시하였다. 그렇다면 3,962는 어떻게 기록할까? 다음과 같다.

단순한 기호를 여러 번 반복해 사용해야 하니 얼마나 불편했을지 미루어 짐작할 수 있다.

기원전 6세기 무렵에는 그림 대신 문자를 사용하기 시작하였다. 각각의 수를 가리키는 이름의 머리글자에 해당하는 알파벳 문자로 대치한 것이다.

I	Γ	Δ	𐅄	H
1	5	10	50	100
𐅅	X	𐅆	M	𐅇
500	1000	5000	10000	50000

그림에서 보듯이 1은 수직선 그대로이고, 5는 다섯을 뜻하는 Pente의 머리글자로 오늘날 Π(Pi)의 형태 비슷하다. 10은 열을 뜻하는 Deka의 머리글자 Δ(Delta)로 표기하였다. 50은 Pi와 Delta가 결합된 형태이다. 100은 백을 뜻하는 Hekaton의 머리

글자 H(Heta)이다. 500은 Pi와 Heta가 결합한 형태의 기호 𐅅로, 1000은 천을 뜻하는 Khilioi의 머리글자 X(Khi)로 표기하였다. 이런 식으로 십진법으로 숫자를 기록하면서 보조 기본수인 5, 50, 500 …을 추가하였다. 예를 들어 3,962의 표기법을 살펴보자.

XXX𐅅HHHH𐅄ΔII

이전에는 20개의 기호가 필요했지만, 이 단계에서는 12개만으로 충분했다.

그러던 중 기원전 4세기말부터는 알파벳 문자로 수를 표기하는 생각을 품게 되었다.

1	A alpha	10	I iota	100	P rho
2	B beta	20	K kappa	200	Σ sigma
3	Γ gamma	30	Λ lamda	300	T tau
4	Δ delta	40	M mu	400	Y upsilon
5	E epsilon	50	N nu	500	Φ phi
6	F digamma	60	Ξ xi	600	X chi
7	Z zeta	70	O omicron	700	Ψ psi
8	H eta	80	Π pi	800	Ω omega
9	Θ theta	90	Ϙ qoppa	900	ϡ sampi

그림에서와 같이 고전 알파벳 문자 24개에 이미 오래전에 용도 폐기된 페니키아의 알파벳 기호 디감마digamma, 삼피sampi, 코파qoppa를 첨가했다. 다음은 이를 활용한 숫자 표기이다.

11 : IA　　12 : IB　　18 : IH
345 : TME　　697 : XPZ

고대 그리스인들의 수 표기법 어디에도 오늘날의 아리비아 숫자에서 볼 수 있는 위치기수법(자리에 따라 값이 매겨지는 것, 예를 들어 525의 5는 위치에 따라 500이나 5를 뜻한다) 원리가 담겨 있지 않다. 물론 0에 해당하는 숫자도 없었다.

뛰어난 수학적 재능을 가진 그들은 왜 숫자를 발명하지 않았을까? 애초부터 계산에 관심을 두지 않았기 때문이다. 그렇다고 그들이 계산을 하지 않았던 것은 아니다. 아르키메데스는《사생식물》砂生植物이라는 작은 책에서 '천구'天球(지구에서 행성들까지의 거리를 지름으로 하는 구)에 담을 수 있는 모래알의 양까지 계산했다. 오늘날의 수 체계로 보면 1 다음에 0이 64개나 붙는 수가 나왔다. 하지만 이런 계산은 숫자를 사용해서 한 것이 아니었다. 그리스의 기수법 모두 산술 연산에는 부적합했기 때문이다. 어떤 형태의 셈판 위에 조약돌을 놓아서 계산했을 것이라는 추측만 제기될 뿐이다.

꽤 발전된 유형의 계산 도구를 구상할 정도였던 그들은 왜 숫자 발명에 등한했던 것일까? 실용적인 문제에 매우 무관심했기 때문이다. 고대 이집트나 바빌로니아, 그리고 그들보다 뒷시대의 중국, 인도, 이슬람 지역 사람들과는 달리 실생활에 응용하는 일에는 전혀 관심을 두지 않았다. 그런데 참 놀라운 일이다. 변변한 숫자 표기 방식도 갖추지 못했던 그들이 어떻게 무리수까지 발견할 수 있었을까?

기하학적으로 수를 접근하다

고대 그리스인들의 숫자 표기 방식은 계산에는 적합하지 않았다. 하지만 그들은 자신들만의 독특한 수 개념을 갖고 있었다. 모든 수를 기하학적으로 해석한 것이다. 요약하면 다음과 같다.

1이라는 수는 선택된 어떤 특정한 선분의 길이를 나타내는 것으로 정한다. 2라는 자연수는 그 길이를 두 배 연장한 선분의 길이, 3은 세 배 연장한 선분의 길이로 정한다. 즉 덧셈은 선분의 길이를 연장하는 것이고, 이는 무한히 확장해갈 수 있다.

곱셈 또한 기하학적으로 나타낼 수 있다. 예를 들어 2와 5의 곱은 두 변의 길이가 2와 5인 선분으로 이루어진 직사각형의 넓이를 말한다. 두 자연수의 곱을 기하학적으로 나타낸 것이다. 곱이라는 연산을 생각하기 위해 넓이를 떠올려야 하는 것이 무척이나 번거롭고, 별 도움이 되지 않는다고 생각될 수도 있다. 하지만 이 아이디어는 수의 세계를 무리수까지 확장할 때에 매우 쓸모가 있다.

제곱근 2($\sqrt{2}$)는 두 변의 길이가 각각 1인 직각이등변삼각형의 빗변 길이를 말한다. 이것은 피타고라스도 알고 있었다. 단지 무리수라고 인정하지 않았을 뿐이다. 유명한 피타고라스의 정리가 있지 않은가.

어쨌든 이와 같이 수를 기하학적으로 다루면, 1과 무리수 $\sqrt{2}$ 의 합도 자연스럽게 받아들일 수 있다. 한 변의 길이가 1인 직각이등변삼각형에서 대각선과 한 변을 연결한 선분의 길이가 그것이다.

이제는 3과 $\sqrt{2}$ 의 곱도 자연스럽게 받아들일 수 있다. 가로와 세로의 길이가 각각 3과 $\sqrt{2}$ 인 직사각형의 넓이가 그것이다.

이와 같은 수에 대한 기하학적 접근은 두 무리수, 예를 들어 $\sqrt{2}$ 와 $\sqrt{3}$ 의 곱이 정확하게 무엇인지 말할 수 있는 길을 제공해준다. 따라서 수를 실용적 차원이 아닌 사변적 개념으로 이해할 때 그들은 아무런 불편을 느끼지 않았던 것이다.

고대 그리스인들의 기하학적 방식은 단지 수에만 그치지 않았다. 미지수가 포함된 방정식도 기하학적으로 접근하였다. 이야기의 주제가 너무 벗어나므로 더 이상 나아가지는 않겠다. 다만, 일련의 기하학적 작도를 거쳐 찾아낸 선분의 길이가 주어진 방정식의 해라는 사실만 언급하도록 하자.

물론 고대 그리스인들의 수에 대한 기하학적 접근은 곧 한계에 부딪칠 수밖에 없다. 왜냐하면 그 같은 방식으로는 네 수의 곱을 생각할 수 없기 때문이다. 두 수의 곱은 넓이, 세 수의 곱은 부피에 해당하지만, 네 수의 곱을 나타내는 기하학적 도형은 떠올릴 수가 없기 때문이다.

하여튼 고대 그리스인들에게 25라는 자연수는 길이가 25인 선분의 길이이면서 동시에 한 변의 길이가 5인 정사각형의 넓이를 나타내는 수였다. 같은 방식으로 27이라는 자연수는 한 선분의 길이이면서 동시에 한 변의 길이가 3인 정육면체의 부피로 간주되었다.

수조차도 기하학적으로 접근하는 고대 그리스인들의 기하학에 대한 집착은 지나칠 정도였다. 조나단 스위프트의《걸리버 여행기》에는 라푸타 지역을 여행하던 걸리버가 다음과 같이 조롱하듯 털어놓는 이야기가 들어 있다.

> 내가 알고 있던 수학 지식이 하늘을 나는 나라 사람들의 어법을 익히는 데 큰 도움을 주었다. 이 나라의 어법은 수학과 음악에 크게 의존하였으며, 나는 음악에도 꽤 지식이 있었다. 그들의 생각은 대부분 선과 도형이었다. 아름다운 여자나 동물을 칭찬할 때도 사다리꼴, 원, 평행사변형, 타원 또는 그 밖의 기하학 용어로 표현하였다. … 그 섬에 살고 있는 사람들의 집은 매우 조잡하게 지어졌다. 그 어떤 방의 벽도 경사를 이루고 있었다. 직각이란 찾아볼 수 없었다. 하늘을 나는 나라 사람들이 실용기하학을 경멸하였기 때문인데, 그들은 실용기하학을 아주 천박한 것으로 생각하고 있었다. … 자와 연필과 컴퍼스를 사용해 종이 위해 작업하는 일에는 상당한 능력이 있었지만, 그 밖의 다른 일에는 아주 서툴거나 어색하고 불편하게 행동했다. 수학과 음악을 제외한 다른 모든 일에 이들처럼 생각이 느리고 쩔쩔매는 사람들도 없을 것이다.

산술적 아이디어를 기하학적 아이디어로 바꾸는 그리스인들의 집착은 유럽 수학에 큰 영향을 미쳤다. 그리스 시대 이후 수학은 기하학의 지배를 받았다. 19세기에 이르러서야 비로소 순수하게 산술적으로만 무리수를 다루게 되었다.

우리는 이미 실수라는 수 체계를 알고 있다. 따라서 추상적인 수 개념을 시각화할 필요가 없다. 하지만 추상적인 수를 눈으로 확인할 필요가 있을 때에는 고대 그리스인들이 사용한 기하학적 접근을 마다하지 않을 것이다. 다시 무리수에 대한 논의를 이어가자.

제곱근 기호와 그 의미

처음에 우리는 한 변의 길이가 1인 정사각형에서 대각선의 길이를 아직 잘 모르기 때문에 일단 x라고 표기했다. 한 변의 길이가 x인 이 정사각형의 넓이는 2이다. 따라서 다음과 같은 식이 성립한다.

$$x^2 = 2$$

정사각형의 넓이 공식에 의해 아주 단순한 이차방정식이 만들어졌다. 이 수식을 언어로 나타내면 다음과 같다.

'어떤 수 x를 제곱했더니 2가 된다.' (A)

수학식이 얼마나 단순하고 명쾌한지 알 수 있지 않은가. 그래도 언어 표현에 좀 더 주목해보자. 또 다른 새로운 수학 기호를 만들기 위한 것이다. 위의 문장을 조금 다르게 표현할 수 있는데, 이렇게 하면 어떨까?

'어떤 수 x는 2를 제곱수가 되도록 하는 수이다.' (B)

문장 (A)에 분명하게 제시되지 않은 주어가 문장 (B)에 들어 있다. '어떤 수 x'라고 명시되어 있으니까. 이를 주어로 삼으니, 조금 어색하고 이상한 문장이 만들어졌다. 하지만 그 수가 무엇인지를 분명하게 밝힌다는 점에서 나름 쓸모가 있으니 잠시 인내심을 발휘하자.

이 어색한 표현에 익숙해지려면 약간의 연습이 필요하다. 위의 문장에서 숫자를 바꾸어보자. 예를 들어 다음과 같은 문장을 생각해보자.

'어떤 수 x는 25를 제곱수가 되도록 하는 수이다.'

어떤 수 x를 제곱했더니 25가 된다는 것이다. 이 문장도 매우 단순한 이차방정식으로 다음과 같이 나타낼 수 있다.

$$x^2 = 25$$

이 이차방정식의 근을 구하는 것은 어렵지 않다. 어떤 수를 제곱하면 25가 되느냐를 묻는 것이니, 답은 5와 −5이다.

여기서 어떤 수 x는 정사각형에서 한 변의 길이를 말한다. 음수인 −5까지 고려할 필요가 없다. 양수 5만 생각하도록 하자. 따라서 다음과 같은 표현이 가능하다.

5
‘~~어떤 수 x~~는 25를 제곱수가 되도록 하는 수이다.’

5를 제곱하면 25가 된다는 문장을 변형한 것이다. 25가 아닌 5에 주목하자는 것이다. 따라서 5는 25를 제곱수가 되도록 하는 수이므로 ‘제곱의 뿌리’라 할 수 있다. 뿌리라는 뜻을 받아들여, 우리는 이 5라는 수를 25의 제곱근根이라는 수학적 용어로 나타내어 다음과 같이 표현한다.

‘5는 25의 제곱근이다.’

뿌리를 뜻하는 한자어인 근根은 원래 영어의 root를 번역한 용어이다. 그러니까 25의 제곱근은 영어로 'square root of 25'이다. 'square root of'라는 부분을 기호 $\sqrt{\ }$ 로 대치하면 다음과 같은 기호가 탄생한다.

$$\sqrt{25}$$

그러니까 $\sqrt{25} = 5$가 되는 것이다. 이제 다시 앞의 문장 (B)를 살펴보자.

'어떤 수 x는 2를 제곱수가 되도록 하는 수이다.'

이 문장에서 x는 2의 제곱근을 말한다. 2의 제곱근은 $\sqrt{2}$ 라고 표현한다. 따라서 $\sqrt{2}$ 라는 수는 제곱하였을 때 2가 되는 수를 말하므로, 다음 식이 성립한다.

$$(\sqrt{2})^2 = 2$$

일반적으로 어떤 수 A의 제곱근은 앞으로 $\sqrt{A}$ 라고 표기하자. 그렇다면 이 새로운 수 $\sqrt{A}$ 는 제곱하였을 때 A가 된다는 사실을 의미한다. 이를 식으로 나타내면 다음과 같다.

〔제곱근을 수식으로 간결하게 표현하기〕

어떤 수 x를 제곱했더니 25가 된다.

⇨ $x^2 = 25$

어떤 수 x는 25를 제곱수가 되도록 하는 수이다.

⇨ x는 25의 제곱근

⇨ $x = \sqrt{25} = 5$

⇨ $(\sqrt{25})^2 = 5$

어떤 수 x를 제곱했더니 2가 된다.

⇨ $x^2 = 2$

어떤 수 x는 2를 제곱수가 되도록 하는 수이다.

⇨ x는 2의 제곱근

⇨ $x = \sqrt{2}$

⇨ $(\sqrt{2})^2 = 2$

$$(\sqrt{A})^2 = A$$

사실 지금까지의 수학적 논의는 동어반복에 불과하다. 수식과 기호로 나타내면 문장 표현보다 길이가 훨씬 짧아진다. 간결하게 표현되니 한눈에 알아볼 수 있지 않은가. 그럼에도 수학식과 수학 기호는 수학에 대한 거부 반응의 실마리를 제공해준다. 거의 대부분의 사람이 그런 반응을 보인다. 수학에 대한 공포의 시작이다.

수학 공포증의 시초인 수학 기호

독일 태생의 예카테리나 여제는 비상한 머리에 야심이 가득 찬 가슴의 소유자였다. 그녀는 러시아 황위 계승권자 카를 울리히와 맺은 정략결혼의 희생자였다. 다행인지 불행인지 남편은 지능이 모자라는 인물이었다. 남편이 황제의 자리에 오른 뒤 정변을 일으켜 남편을 폐위시키고 스스로 제위에 올랐다.

황제가 된 그녀는 낙후한 러시아의 부흥을 위해 그 누구보다 열성을 보였다. 유럽 대륙의 학문과 문화를 유입하는

데 힘썼다. 많은 유럽 학자들이 러시아 궁정으로 초청되었다. 디드로는 그 중의 한 사람이었다. 프랑스 철학자 디드로는 자신의 박학다식을 무기로 무신론을 부르짖던 광적인 무신론자였다.

"여러분은 정말로 신이 존재한다고 생각합니까? 매일 아침 교회에 나가 기도하는 것으로 미래를 보장받을 수 있다고 생각합니까? 여러분! 신은 존재하지 않습니다. 그것은 모두 나약한 인간이 만들어낸 허상에 불과합니다. 선량한 서민들을 잘못 이끄는 미신이란 말입니다. 그러니 각자 자기 자리로 돌아가 가족의 평화를 위해 열심히 일하세요. 가족들의 굶주린 배를 채워주는 것은 신이 아니라 바로 여러분의 땀과 노력입니다."

디드로의 이러한 발언은 당시로서는 큰 충격이었다. 비록 중세시대는 아니지만 유럽 사람들의 삶은 교회의 영향 아래 여전히 예속되어 있었다. 예카테리나 여제는 교회를 모독하고 신의 존재를 부정하는 디드로가 자신의 궁정에 오래 머무르는 것을 내심 못마땅하게 여겼다. 그래서 그를 내쫓을 묘책을 궁리하라는 지시를 내렸다. 마침 궁정에는 오일러라는 스위스 출신의 수학자가 머무르고 있었다.

"오일러는 마치 사람이 숨을 쉬고 독수리가 공중을 날듯이, 겉으로 보기에 전혀 힘들어하는 기색 없이 어려운 문제를 계산해냈다."

오일러에 대한 이러한 평가는 결코 과장이 아니었다. 그가 남긴 저술의 양이 너무나 방대해서 모두 출판되기까지 그가 사망하고 나서도 43년이라는 시간이 걸렸다. 오일러가 러시아에 머물게 된 것은 여왕이 후원하는 학사원에서 그의 가족이 걱정하지 않고 지낼 수 있도록 재정 지원을 해주었기 때문이다. 러시아에 머무는 동안 오일러는 자신의 연구를 진행하면서, 동시에 러시아 학생들을 위한 초등 수학 교과서를 편찬하였다. 또한 정부의 지리 부문 사업을 총괄했으며, 도량형 개정작업을 도왔다. 그런 그가 디드로를 상대하라는 여왕의 지시를 거역할 수는 없지 않은가.

어느 날 여왕을 비롯한 대신들이 모여 있는 자리에서 디드로가 열변을 토하고 있었다.

"저의 주장은 거짓이 아닙니다. 신의 존재를 어떻게 확신합니까? 거리의 시민들은 신앙심에만 의지한 채 무기력한 인간으로 살아가고 있으며, 교회는 온갖 달콤한 말로 이들을 현혹하고 있습니다. 자신의 삶을 실체도 알 수 없는 존재에게 송두리째 맡긴다는 것이 얼마나 어리석은 일입니까? 국가는 무지한 시민들을 일깨우는 데 앞장서야 하며, 그들에게 열심히 일할 수 있는 길을 안내해야 합니다."

강연 분위기가 한창 무르익어갈 무렵, 앞에 앉아 있던 오일러가 손을 번쩍 들었다. 그리고 디드로에게 성큼성큼 다가가더니 다음과 같은 말을 건넸다.

"디드로 선생, 무슨 이야기인지 잘 알겠어요. 하지만 나는 당신에게 신이 존재한다는 사실을 증명해보일 수가 있답니다. 내 계산에 의하면 $\frac{a+b^n}{n}=X$입니다. 그러므로 신은 존재할 수밖에 없습니다. 자, 말씀해보세요."

조금 전까지 침을 튀기며 열정적으로 무신론을 설파하던 이 불쌍한 프랑스 학자는 어안이 벙벙할 수밖에 없었다. 오일러가 제시한 수학식의 의미를 해석할 수 없었기 때문이다. 그는 결국 아무 말도 못하고 슬며시 프랑스로 돌아가고 말았다.

물론 오일러가 제시한 식은 순 엉터리였다. 이 일화에서 주목할 점은 어리둥절해 아무 대꾸도 할 수 없었던 디드로의 모습이다. 수학식을 접하는 대부분의 사람들이 보이는 반응과 다르지 않다. 흔히 말하는 수학 불안증의 시초이다. 수학 불안증이 일어나는 가장 큰 원인의 하나는 이 같은 추상적인 수학 기호와 식에서 비롯된다. 간결한 수학식이 아무리 효율적이고 심지어 누군가에게는 아름답게 보일지라도 대부분의 사람에게는 그림의 떡일 수 있다. 하지만 바로 이 지점을 넘어서지 못하면 절대 수학에 접근할 수 없다. 세상에 공짜는 없으니까. 수학식과 기호는 수학의 세계에서 통용되는 언어다. 언어를 모르고 그 세계에 들어갈 수는 없지 않은가.

기호로 채워진 음악 악보는 소리의 재현과 소통을 위한 상징적 기호라는 측면에서 치밀하게 설계된 명료한 수학 기호와 다르지 않다. 거기에는 일상적인 언어로 표현되었다면 결코 다룰 수 없는 치밀한 생각이 담겨 있다. 더불어 효율적으로 사고할 수 있는 가능성을 열어놓은 것이다. 문외한에게는 더 어렵게 느껴질 수 있지만, 지성적인 사람에게는 복잡한 생각을 쉽게 전달해주는 명쾌한 도구가 상징적인 수학 기호이다.

앞에서 보았던 제곱근($\sqrt{\ }$)이라는 하나의 수학 기호도 처음에는 매우 낯설고, 누군가에게는 공포감마저 들 것이다. 하지만 말로 쓴 문장과 비교해보라. 기호를 사용하면 긴 문장을 한눈에 알아볼 수 있도록 간결하게 압축하여 나타낼 수 있지 않은가. 일단 제곱근이라는 $\sqrt{\ }$ 기호가 무엇을 뜻하는지 그 의미를 충분히 이해하면, 그 기호를 사용하여 또 다른 개념으로 확장해나갈 수 있다. 길게 늘어뜨린 문장으로는 결코 쉽지 않은 작업이 기호를 사용하면 산뜻하게 해결된다. 그러므로 수학적 기호는 수학자들을 비롯해 수학의 세계를 이해하는 사람들끼리 서로 소통하는 데 매우 유용하고 효과적인 수단이다. 어떤 수 A의 제곱근을 $\sqrt{A}$로 표현하는 것도 그런 예 가운데 하나이다.

제곱근 이야기는 여기서 멈추고, 다시 히파수스 이야기로 돌아가자. 그가 발견하고 주장한 것은 바로 $\sqrt{2}$가 무리수라는 사실이었다. 그런데 도대체 무리수가 무엇이기에, 그의 발견이 갈릴레이의 지동설에 버금갈 정도로 당시 사람들에게 충격적이었다는 것일까? 그리고 급기야 집단살인으로 이어지는 불행한 사태를 야기했던 것일까? 계속되는 의문을 해결하기 위해서는 먼저 무리수가 무엇인지 그 정체를 밝히는 것이 우선일 것 같다.

유리수는 무엇인가

'무리수는 무엇인가?'라는 질문에 대한 답은 정말 싱겁기 짝이 없다. '유리수가 아닌 수'를 무리수라고 하기 때문이다. 하지만 이런 정의는 무리수의 정체에 대해 아무것도 알려주는 것이 없다. 그야말로 무용지물인 셈이다. 그렇다면 당연히 그 다음 질문으로 이어질 것이다. '그러면 유리수는 무엇인가?'

유리수는 우리에게 매우 친숙한 수이다. 실생활에서 사용하는 수 거의 대부분이 유리수라고 하여도 틀리지 않다. 1, 2, 3 …과 같은 자연수, 0, -1, -2, -3 … 이렇게 이어지는 정수, 그리고

$\frac{1}{2}$, $\frac{2}{3}$ … 같은 분수는 모두 유리수이다. 12.24, 1.5 같은 유한소수는 물론 0.3333…과 같이 어떤 규칙을 가진 무한소수도 유리수이다. 그러므로 우리 주변에서 늘 볼 수 있고, 항상 사용하는 수는 거의 대부분 유리수라고 하여도 틀리지 않다. 하지만 그렇다고 하여 우리가 정말 유리수에 대해서 잘 알고 있다고 말할 수 있을까? 유리수가 어떤 수인지 그 예를 들 수는 있어도, 막상 '유리수는 무엇인가?' 하는 질문에는 쉽게 대답하지 못하는 사람들이 의외로 많다. 다음은 유리수에 대한 수학적인 정의이다.

'유리수는 두 정수의 비로 나타낼 수 있는 수이다.'

위의 정의에 따르면, 예를 들어 3:2와 같은 비로 나타낼 수 있으면 유리수라는 것이다. 그런데 3:2와 같은 비는 $\frac{3}{2}$과 같은 분수로도 나타낼 수 있다. 이제부터는 앞에서 언급하였듯이 언어보다는 기호를 사용하여 좀 더 수학적으로 표현하도록 하자. 유리수는 다음과 같이 정의한다.

'유리수란 분수 $\frac{b}{a}$(a와 b는 정수)로 나타낼 수 있는 수이다. 단, $a \neq 0$ (분모는 0이 아니다).'

위의 정의에서 '나타낼 수 있는 수'라는 구절을 강조한 이유가 있다. 분모와 분자가 정수인 분수로 '나타낸 수'가 아니라 그렇게 '나타낼 수 있는 수'라는 표현은 나름의 이유가 있다. 다음에 제시한 문제는 유리수의 정의를 충분히 이해했는지 스스로 자기 진단하기 위한 것이다.

Quiz

다음 중 유리수는?

$$0.2,\ \sin 30°,\ -12,\ 0,\ \frac{5\frac{1}{4}}{37\frac{11}{12}},\ \frac{\sqrt{2}}{-3},\ \frac{\pi}{2},\ \frac{1.2}{5.74},\ \frac{\frac{2}{3}}{4}$$

〈정답〉 $0.2,\ \sin 30°,\ -12,\ 0,\ \frac{5\frac{1}{4}}{37\frac{11}{12}},\ \frac{1.2}{5.74},\ \frac{\frac{2}{3}}{4}$

그러니까 $\frac{\sqrt{2}}{-3}$ 와 $\frac{\pi}{2}$ 를 제외하고는 모두 유리수에 해당한다. 이 사실을 정확하게 알고 있다면, 다음 설명은 건너뛰어도 좋다.

이제부터 두 수를 제외한 나머지 수들이 왜 유리수인지 알아보도록 하자. 우선 0.2라는 소수는 겉으로 보아 그 형태는 분명히 분수가 아니다. 하지만 보이는 것이 전부는 아니다. 0.2라는 소수는 $\frac{2}{10}$ 또는 $\frac{1}{5}$ 과 같은 분수의 형태로 나타낼 수 있다. 분모와 분자가 정수인 분수로 나타낼 수 있으면 유리수라는 정의를

$\frac{2}{10}$ 와 $\frac{1}{5}$ 은 충분히 만족시키고 있다. 따라서 0.2는 유리수이다.

이번에는 sin30°를 살펴보자. sin30°가 무엇인지 잘 생각나지 않는가? 기억이 다소 가물가물하더라도 묵묵히 읽어주기 바란다. 여기서 하는 이야기는 모두 참이니까. sin30° 역시 겉으로 보기에는 유리수가 아닌 것 같다. 하지만 sin30°의 값은 0.5이므로 $\frac{1}{2}$ 과 같다. 따라서 분모와 분자가 정수인 분수로 나타낼 수 있으니 유리수이다.

이런 방식의 설명이 조금은 불편할 수 있을 것 같아 한마디 언급하는 게 좋을 것 같다. 별 군더더기 없는 메마른 건조체의 설명에 그리 익숙하지 않을 수 있으니까. 하지만 이것은 수학에서의 논리적인 추론이 무엇인지를 보여주기 위한 것이다. 잠시 후에 다루게 될 본격적인 수학적 증명에 익숙해지기 위한 사전 워밍업 같은 것이다.

계속해서 위의 문제의 답을 구해보자. -12라는 정수는 $-\frac{12}{1}$ 또는 $\frac{-12}{1}$ 또는 $\frac{12}{-1}$ 또는 $\frac{24}{-2}$ 와 같이 다양한 형태의 분수로 나타낼 수 있으니 분명히 유리수이다. 그 다음 수인 0도 $\frac{0}{1}$, $\frac{0}{10}$ 또는 $\frac{0}{-100}$ 과 같이 분자가 0이지만 분모는 0이 아닌 어떤 정수를 사용하더라도 분수의 형태로 나타낼 수 있다. 따라서 0은 당연히 유리수이다.

그 다음의 수 $\dfrac{5\frac{1}{4}}{37\frac{11}{12}}$의 분자와 분모는 정수가 아니지만 그렇다고 하여 '유리수가 아니다'고 선불리 단정 지을 수는 없다. 분자와 분모에 똑같이 12를 곱해보라. 분자는 63이 되고 분모는 455가 된다. $\dfrac{63}{455}$으로 나타낼 수 있으니 유리수이다.

마지막 두 수 $\dfrac{1.2}{5.74}$, $\dfrac{\frac{2}{3}}{4}$도 같은 방식을 적용하여 각각 $\dfrac{120}{574}$과 $\dfrac{2}{12}$와 같은 분수로 나타낼 수 있으므로 유리수이다.

문제의 정답을 다시 한 번 확인해보자.

$$0.2,\ \sin 30^\circ,\ -12,\ 0,\ \frac{5\frac{1}{4}}{37\frac{11}{12}},\ \frac{1.2}{5.74},\ \frac{\frac{2}{3}}{4}$$

겉으로 보아서는 정수/정수 같은 평범한 분수가 아닌 것처럼 보인다. 그럼에도 유리수의 정의에 따라 모두 유리수이다. 유리수의 정의를 다시 한 번 살펴보자. 정수/정수라는 '분수'가 아니라 '분수로 나타낼 수 있는'이라는 구절에 다시 한 번 주목할 것을 강조한다. 수학적 문장에 담겨 있는 단어 하나하나가 매우 중요하다. 이들은 모두 나름의 이유가 있기에 대단히 엄격하게 선정되었다. 마치 한 편의 시에 선택되어 담겨 있는 시어가 그렇듯이.

넓은 벌 동쪽 끝으로
옛 이야기 지즐대는 실개천이 휘돌아 나가고

〈향수〉라는 유명한 시의 한 구절이다. 우리말을 가장 아름답게 구사한 시인 중의 한 사람인 정지용의 작품이다. 만일 이 시를 다음과 같이 수정하였다고 하자.

넓은 벌 동쪽 끝으로
옛 이야기 주절대는 시냇물이 돌아서 나가고,

정지용이 고심 끝에 선택한 시어 '옛 이야기 지즐대는 실개천'을 '옛 이야기 주절대는 시냇물'이라고 변형하여 표현하였다고 하자. 전달하고자 하는 뜻은 변함이 없다. 하지만 더 이상 정지용의 〈향수〉라고 말할 수 없다. 시인은 자신의 시에서 바로 그 단어가 바로 그 자리에 필연적으로 위치하도록 배치하였다. 수학적 명제에 사용된 단어도 그러하다. 문장에 들어 있는 조사 하나까지 필연성을 가지고 있기에 함부로 바꿀 수 없다. 유리수의 정의에 나타나는 구절, '정수의 비'가 아니라 '정수의 비로 나타낼 수 있다'는 표현은 그냥 수사적으로 사용된 것이 아니다.

수학적 언어의 주요 특징 가운데 간결함도 빼놓을 수 없다.

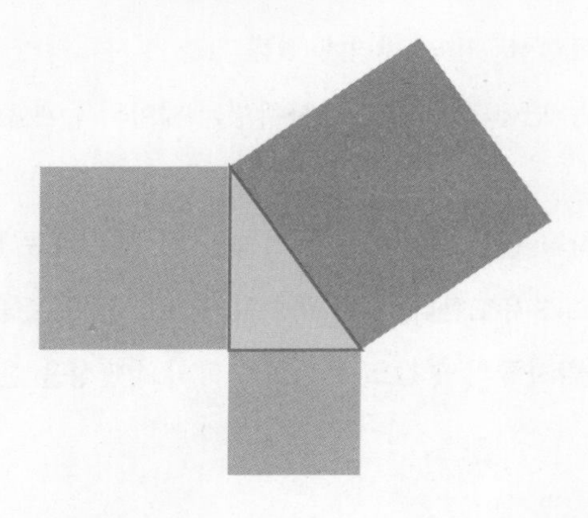

만일 위의 그림에 대한 설명을 일반적인 언어로 표현한다고 하자. 아마도 다음과 같은 문장으로 기술하게 될 것이다.

직각삼각형이 여기 있다. 이 삼각형의 직각을 끼고 있는 두 변을 각각 하나의 선분으로 간주하여, 이를 하나의 변으로 하는 두 개의 정사각형을 만든다. 그리고 직각삼각형의 나머지 한 변인 빗변을 사용하여 또 다른 정사각형을 만들었다고 하자. 이때 마지막 세 번째 정사각형의 넓이는 처음 두 정사각형의 넓이를 더한 것과 같다.

하지만 누군가 수학에 조금이라도 정통한 사람이라면 다음과 같이 표현하고 싶어 할 것이다.

직각삼각형의 빗변에 접해 있는 정사각형의 넓이는 나머지 두 변에 접해 있는 정사각형의 넓이의 합과 같다.

수학적 글쓰기는 이렇듯 가능한 한 사용하는 단어의 수를 절약하도록 유도한다. 적은 개수의 단어로 많은 뜻을 담아야 한다는 수학자들의 수전노 정신은 수학의 정밀성을 한층 돋보이게 한다.

연역적 추론에 근거한 수학적 증명

수학적 명제는 적은 개수의 단어를 사용하지만 무척이나 심오한 뜻을 담는다. 사용되는 용어의 정확성과 필연성을 담보로 하기 때문이다. 얼핏 보면 수학이 과학과는 친족 관계 아닐까 생각될 수도 있다. 하지만 보이는 것이 전부가 아님을 다시 강조해야겠다. 과학이 아무리 수학적 용어와 기호를 빌어 자신을 치장한다 하여도, 원초적으로 수학과는 전혀 다른 별개의 DNA를 갖는다. 그 DNA는 바로 학문의 추론 방식이다.

과학에서의 기본적인 추론 방식은 귀납법이다. 어떤 과학자가 실험을 한다고 하자. 예를 들어 비커에 들어 있는 일정한 양의 물을 가열하여 물의 온도를 40도에서 90도로 끌어 올렸다고 치자. 이때 물의 부피가 증가하는 현상을 목격하게 되었다. 만일 그가 자질이 있는 과학자라면 아직 어떤 결론도 내리지 않을 것이다. 똑같은 실험을 여러 번 반복하며 그 때마다 매번 똑같은 현상이 나타나는지 꾸준히 관찰할 것이다. 끈기 있는 인내심을 발휘한 끝에 어느 순간 그 과학자는 마침내 다음과 같이 선언한다. 물은 40도에서 90도까지 가열할 때 팽창한다고.

귀납법의 한계를 여기서 길게 논할 필요는 없을 것이다. 하나의 결론을 얻는 데 이와는 다른 추론 방법이 있음을 밝히는 것으로 충분하기 때문이다. 귀납법에 대응되는 연역법을 말하는 것이다. 연역법에서는 주어진 어떤 전제로부터 모종의 결론을 이끌어내기 위해, 그 전제가 참인지 아닌지는 중요하지 않다. 단지 그 전제를 받아들이기만 하면 된다. 연역적 추론에서 우리가 그 전제에 동의하는가 또는 동의하지 않는가는 중요하지 않다. 중요한 것은 우리가 그 전제를 받아들이면 나머지 결론도 자연스럽게 받아들일 수 있다는 것이다. 아니, 필연적으로 그 결론을 받아들여야만 한다.

'모든 음악가는 총명하다'는 전제와 '총명한 사람은 수학을 멸시하지 않는다'는 전제로부터 '모든 음악가는 수학을 멸시하지 않는다'는 결론을 얻는다.

하지만 여기서 한 가지 짚고 넘어가야 할 중요한 문제가 있다. 추론의 타당성과 결론의 진리성을 혼동하지 말자는 것이다. 다음 예를 들어보자.

> 모든 지적인 존재는 인간이다. 이 책의 독자들은 인간이다. 따라서 이 책의 독자들은 지적인 존재이다.

결론, 즉 이 책의 독자들이 지적인 존재라는 사실에 나는 전적으로 동의한다. 더 나아가 참이라고까지 확신한다. 하지만 위의 추론에는 절대로 동의할 수 없다. 인간이 지적인 존재인 것은 대체로 맞지만, 지적이지 않은 인간도 있을 수 있기 때문이다. 따라서 이 책의 독자가 어떤 인간에 속하는지를 말해주지는 않는다. 연역적 추론은 주어진 전제가 참이라는 사실을 확신할 수 있을 때 거기에서 얻어지는 결론도 반드시 참이라는 사실을 보장해준다. 이러한 연역적 추론에 근거한 수학적 증명의 필연성은 수학이라는 학문의 특징이다.

수학적 증명의 실례를 들어보자.

앞에서 $\frac{\sqrt{2}}{-3}$ 와 $\frac{\pi}{2}$는 무리수라고 결론지었다. 그 이유는 두 수 각각에 $\sqrt{2}$ 와 π라는 무리수가 들어 있기 때문이다. 혹 '정말 그런가?'라는 의심이 슬며시 고개를 쳐들지 않는가? 사실 $\sqrt{2}$ 와

π라는 수 그 자체도 왜 무리수인지 아직 밝힌 적이 없다. 이 또한 분명하게 그리고 엄격하게 증명되어야 한다. 하지만 증명은 잠시 후로 미루고, 일단 여기서는 잠정적으로 참이라고 받아들이도록 하자.

설령 그렇다 하더라도 잠정적으로 인정한 두 무리수 $\sqrt{2}$ 와 π를 각각 −3과 2로 나눈 $\frac{\sqrt{2}}{-3}$ 와 $\frac{\pi}{2}$라는 수가 또 다시 무리수라는 것을 어떻게 단언할 수 있는가? 논리적으로 엄격히 증명하여 밝혀야 마땅하다.

다음은 $\frac{\sqrt{2}}{-3}$가 무리수라는 사실에 대한 간단한 증명이다. 매우 독특한 증명방법이기에 한 줄 한 줄 천천히 음미하며 읽어 볼 것을 권한다.

〈증명〉

$\frac{\sqrt{2}}{-3}$ 를 무리수가 아니라고 하면 다음 식이 성립한다. (1)

$\frac{\sqrt{2}}{-3}=q$(유리수)이고 $\sqrt{2}=-3q$ (2)

유리수 −3과 유리수 q의 곱은 유리수이므로 $\sqrt{2}$ 는 유리수가 될 수밖에 없다. (3)

하지만 이는 잘못된 결론(모순)이다. (4)

따라서 처음의 전제 '$\frac{\sqrt{2}}{-3}$는 무리수가 아님'을 번복해야 하므로 결국 무리수이다. (5)

어떤 지식을 자기 것으로 만드는 가장 현명한 방법 중의 하나는 스스로 직접 해보는 것이다. 수학적 증명을 배우는 가장 좋은 방법도 직접 증명해보는 것이다. 숫자만 바꾼 '$\frac{\pi}{2}$는 무리수이다'라는 명제에 대한 증명은 연습문제로 독자에게 맡긴다.

위의 증명을 좀 더 상세하게 분석해보자. 독특한 증명 방식을 발견하게 될 것이다. 증명 과정을 역으로 추적하여보자.

증명의 마지막 단계에서 얻은 결론 (5) '$\frac{\sqrt{2}}{-3}$는 무리수'는 바로 그 앞의 단계인 모순되는 결과 (4)에서 추론된 것이다. 하지만 모순되는 결과를 얻었다고 하여 처음에 가정한 (1) '$\frac{\sqrt{2}}{-3}$는 무리수가 아닌 유리수'를 부정하는 이유는 무엇 때문일까? 가정을 제외한 그 밖의 다른 추론 과정 (2)와 (3)의 어느 곳에서도 오류는 찾아볼 수 없기 때문이다. 추론과정에서 얻은 모순은 결국 최초의 가정 (1)이 잘못되었기에 나온 결과이다. 그렇다면 모순에서 벗어나는 길은 오직 단 하나의 선택밖에 없다. 어쩔 수 없지만 잘못 설정된 최초의 가정을 부정하는 수밖에 없다.

'어쩔 수 없지만'이라는 표현은 외교적인 립 서비스이다. 애초부터 그런 의도를 가지고 있었으면서도 그렇게 표현하니 더욱

얄밉게 보이는 것도 사실이다. 모든 증명이 이처럼 얄미운 외교적 혀놀림은 아니다. 사실 앞에서 제시한 증명은 수학에서 쉽게 접할 수 있는 일반적인 증명이라 말할 수 없다. 이왕 내친 김에 일반적인 수학적 증명은 어떤 것인지 좀 더 살펴보자. 간단한 수학적 명제를 들어보겠다.

'홀수끼리의 곱은 항상 홀수이다.'

이 명제를 좀 더 세련된 수학적 언어로 나타내면 '홀수들의 집합은 곱셈에 관하여 닫혀 있다'고 표현할 수가 있다. 하지만 '닫힘'이라는 개념에 대한 또 다른 추가 설명이 필요하다. 잠시 미루어두고 처음의 표현을 그대로 사용하도록 하자.

홀수끼리의 곱이 홀수가 된다는 사실을 수학적으로 증명한다는 것은 무엇을 말하는 것일까? 그러한 몇몇 예를 들어 보이는 것으로는 충족되지 않는다. 즉, $3 \times 7 = 21$이라는 곱셈식을 예로 들어, 3과 7이라는 홀수를 곱한 값 21이 홀수라는 사실을 보여주는 것은 증명이 아니다. 증명은 모든 홀수 곱셈을 실행하였더니 그 결과가 홀수임을 보여주는 것이어야 한다. 그런데 막상 실행하려는 순간 홀수의 개수가 무한이라는 벽을 실감하게 된다. 무한 개의 홀수에 대하여 일일이 확인할 수 없다는 난관에 봉착하게 된다. 과연 이를 극복할 수 있을까? 다행히도 수학에는 이를 해결할 수 있는 도구가 마련되어 있다. 다음과 같은 대수적 기호체계가 그것이다.

'$2n+1$, n은 0 또는 자연수'

단 한 줄의 기호로 이 세상에 존재하는 모든 홀수를 나타낼 수 있다는 사실이 놀랍지 않은가? 수학적 기호의 위대함을 실감하게 하는 사례이다. 확인을 위해 몇 가지 예를 들어보자.

예 : $1=2\times0+1$, $3=2\times1+1$, $5=2\times2+1$ …

$11=2\times5+1$ … $2031=2\times1015+1$ …

어떤 홀수이든지 '$2n+1$'이라는 대수적 기호로 나타낼 수가 있다. 세상에 있는 모든 홀수를 한 손안에 움켜쥐는 순간이다. 이런 기쁨과 희열이야말로 수학공부의 즐거움 아니겠는가? 이제 이 기호를 이용하여 위의 명제를 증명해보자. 다음과 같이 매우 간단하게 증명할 수 있다.

임의의 두 홀수를 각각 $2m+1$, $2n+1$이라고 하자. (m, n은 0 또는 자연수) (1)

이들의 곱은 다음과 같다.

$$(2m+1)(2n+1) = 4mn + 2m + 2n + 1$$
$$= 2(2mn+m+n) + 1 \qquad (2)$$

$2(2mn+m+n)$은 짝수이므로(m과 n이 어떤 자연수이건 $2mn+m+n$도 자연수이고, 이 값에 2를 곱한 값 또한 짝수이다), 두 홀수의 곱은 홀수라는 결론을 얻는다. (3)

매우 단순하지만 일반적인 수학적 증명의 골격을 그대로 보여준다. 주어진 전제로부터 (1), (2), (3) …과 같은 몇 개의 단계를 차례로 거쳐 최종 결론에 이르는 과정이 그대로 드러나 있다. 이 과정을 다음과 같이 도식화할 수 있다.

p(가정) ⇨ 어쩌고(p1) … 저쩌고(p2) ⇨ …
그래서 … 어쩌고 등등(q2) ⇨ 그래서(q1)
⇨ q(결론)

교과서를 비롯한 모든 수학책에 들어 있는 수학적 증명의 골격은 위에 제시한 구성과 다르지 않다. 가정에서 출발하여 정해진 순서대로 결론에 이른다. 이미 알려진 사실을 토대로 한 단계 한 단계 명쾌한 논리적인 추론을 거쳐 전개되는 과정은 정말 군더더기 하나 없이 깔끔하다. 다시 반복하지만, 보이는 것이 전부는 아니다. 책에 제시된 증명이 그렇게 보인다고 하여 실제 증명

과정이 그렇게 깔끔하게 이루어지는 것은 아니기 때문이다.

우리가 볼 수 있는 증명 과정은, 격납고에 있다가 가정이라는 활주로를 거쳐 이륙한 후에 결론이라는 목적지에 멋지게 착륙하는 날렵한 전투기의 비행과도 같다. 하지만 실제 증명 과정은 추운 겨울날 눈 덮인 외진 산속에 홀로 남겨진 채 고립되어 있다가 온갖 고난과 역경을 헤치며 죽을 고비를 넘긴 후에 겨우겨우 사람이 사는 마을에 다다르는 험난한 탈출에 비유하는 것이 더 적절하다. 이때 가장 중요한 것은 첫 번째 선택의 과정이다. 홀로 고립되어 있는 곳에서 어떤 방향으로 얼마만큼 첫발을 내디딜 것인가 하는 결정이 가장 중요하다. 첫 단추를 잘못 꿰어 엉뚱한 길로 접어들 수 있기 때문이다. 원래 가고자 했던 도착점과 점점 멀어지게 되므로 공연히 헛고생만 하게 될 뿐이다. 그래서 증명 과정에서 첫 번째 선택은 가장 중요한 결정이다. 주어진 가정은 물론이거니와 종착지인 결론까지를 함께 면밀하게 파악해 결정해야 한다. 이것은 증명을 넘어 모든 수학 문제의 해결 과정에도 그대로 적용되는 원칙이다.

첫 번째 선택이 적절하였다 하더라도 아직 갈 길은 멀다. 고립된 곳에서 빠져나왔지만 비바람이 불고 눈보라가 몰아치는 험난한 여정이 기다린다. 고통스러운 선택은 매순간 계속 이어진다. 간혹 증명 과정에서 길고 복잡한 식을 접할 수도 있다. 이를 제대로 정리하지 못하면 빠져나오기 어려운 늪지대에서 허우적거리기 십상이다. 늪지대를 간신히 헤쳐나왔다 하더라도 그 다음에 어떤 함정이 도사리고 있는지 알 수가 없다. 증명의 다음 과정이 어떻게 전개될지 감을 잡을 수 없을 때는 그저 막막할 뿐이다. 마치 한치 앞도 볼 수 없는 컴컴한 동굴 속에 갇혀 오직 촉각에 의지한 채 더듬더듬 기어가야 하는 상황과 다르지 않다. 눈앞에 어떤 길이 펼쳐져 있는지 확 트인 시야를 확보할 수만 있다면, 걷기 힘든 선인장 밭이나 모래사막 또는 가파른 암벽이라도 일말의 안도감을 가질 수 있으련만. 증명 과정에서 가장 힘든 경우는 지금 이대로 계속 가는 것이 결론에 접근하는 길이라는 확신이 들지 않을 때이다. 그러므로 실제 증명 과정을 한걸음에 내달릴 수는 없다.

이쯤 되면 수학책에 기록되어 있는 깔끔하게 정리된 증명이 실제 증명 행위와는 거리가 멀다는 사실을 파악했을 것이다. 아무리 간단한 증명이라도 가정과 결론 사이를 부단히 오가며 둘 사이를 연결하기 위한 쉼 없는 머리 굴림이 필요하다. 그 대가는 논리라는 접착제로 깔끔하고 세련되게 연결되어 아름답다고까지 말할 수 있는 완성된 증명이다. 간혹 수학 강의를 한다면서 문제풀이나 증명 과정을 마치 태어날 때부터 알고 있었다는 듯이 술술 풀어가는 장면을 목격할 수가 있다. 그것은 일종의 보여주기 위한 것일 뿐, 실제 수학의 본질을 구현하는 강의라고는 말할 수 없다. 그 세련된 퍼포먼스에 현혹되어 수학을 잘한다고 착각하는 것은 아직 수학이 무엇인지 잘 모르는 또 다른 증거다.

그렇다면 모든 수학적 명제의 진위를 따지기 위해 반드시 증명을 해야 하는 것일까? 예를 들어 '홀수들의 합은 항상 홀수가 아니다(홀수의 집합은 덧셈에 관하여 닫혀 있지 않다)'는 명제의 진위도 증명을 해야만 확인되는 것일까? 그렇지 않다. 앞에서 사용하였던 $2m+1$과 같은 일반적인 대수적 기호를 사용할 필요조차 없다. 그저 그 명제가 성립하지 않는 단 하나의 예反例만 제시하면 된다. 즉, 3+5=8과 같이 두 개의 홀수를 더했더니 짝수를 얻었다는 것만 보여주면 된다. 그러나 앞에서 보았듯이, '홀수들의 곱은 항상 홀수이다'는 명제가 참이라는 증명은 아무리 많은 구체적인 실례를 들어도 증명이라고 할 수 없다.

증명은 우리 삶에 필요하다

지금까지 비교적 상세하게 수학적 증명에 대하여 설명하였다. 충분히 이해하였을 줄 안다. 그렇다면, 우리의 일상 속에 얼마나 비논리적이고 비합리적인인 행동과 사고가 넘쳐나는지 깨닫게 될 것이다. 너나없이 무심코 던지는 다음과 같은 말에서도 그런 비논리와 비합리를 확인할 수 있다.

"우리 한국인들은 우수한 민족이야."

"중국인들은 너무 시끄러워."

"흑인들은 폭력적인 성향을 타고 났나봐."

"경상도 남자들은 무뚝뚝해."

"여자들은 원래 그렇지."

주로 인종적 민족적 성적 지역적 차별을 도모하는 주장들이다. 정말 대책이 없는, 말 그대로 화자의 편견에 불과하다. 절대로 사실일 수가 없다. 하나의 반례를 보여주는 것으로 충분히 거짓임을 밝힐 수 있지 않은가. 우수하지 않은 한 명의 한국인, 조용한 중국인 한 사람, 평화를 사랑하는 흑인 한 명, 상냥한 경상도 남자 한 명, 그렇지 않은 여자 한 사람만 예를 들어주는 것으로 충분하다. '소수는 홀수이다'는 명제를 '짝수인 2도 소수'라는 단 하나의 예를 보여줌으로써 거짓임을 밝히듯이.

수학적 증명이 무엇인지를 조금이라도 알고 있다면 그렇게 섣불리 말할 수 없다. 자신이 경험한 몇몇 사례에서 성급하게 귀납적으로 일반화하여 얻은 결론이거나 지극히 편협한 자신만의 견해에 불과하니까. 무지에서 비롯한 용감한 주장이라고나 할까.

수학을 배우는 여러 이유 가운데 하나는 거짓된 주장에 현혹되어 속지 않기 위한 것이다. 따라서 수학적 증명법에 대한 이해는 앞으로도 누군가에게 속지 않는 삶을 살기 위해 꽤나 유용한 도구가 될 것이다.

다시 처음에 접했던 증명 방식을 떠올려보자. 지금까지 살펴본 일반적인 수학적 증명의 특성에 비추어볼 때, 결코 일반적이라 할 수 없는 매우 독특한 증명임을 알 수 있다. 가장 먼저 특이하게 눈에 띄는 것은 증명의 첫 단계이다.

'$\frac{\sqrt{2}}{-3}$는 무리수이다'라는 명제를 증명하기 위해서, 그것의 부정인 '$\frac{\sqrt{2}}{-3}$를 무리수가 아니라고 하자'는 전제에서 출발하였다. 처음부터 증명하고자 하는 것을 부정하고 나서 논리를 전개해 나아간다. 마지막에 가서 이치에 닿지 않는 '모순'이라는 막다른 골목 끝에 몰아세우겠다는 의도다. 그러면서 눈앞에 발생한 모순을 해결하겠다고 뻔뻔스럽게 말하는 것이다. 처음의 전제, 즉 '결론의 부정'을 부정하여 다시 결론을 옹호하겠다는 것이다. 이러한 증명 방식은 주어진 가정에서부터 차례차례 단계를 거쳐 결론에 이르는 일반적인 증명에서의 추론과는 거리가 멀다. 빙 돌아서 우회적으로 자신의 주장을 관철하고 있으니 말이다. 비겁한 증명법이라는 굴레를 씌워도 별 변명의 여지가 없을 것 같다.

우리는 이런 증명 방식을 귀류법歸謬法이라고 부른다. 라틴어 '*Reductio ad absurdum*'에서 나온 것인데, 영어로는 'reduction to the absurd'라고 표현한다. '오류로 귀착된다'는 뜻이다. 하지만 그보다는 'proof by contradiction'(모순된 결론에 의한 증명)이라는 용어가 더 적절할 듯싶다.

지금까지 살펴본 수학에서의 증명법은 수학이 다른 학문과 차별화되는 수학만의 고유한 특성을 고스란히 드러내 보여주는 방법론적 도구이다. 증명을 하기 이전에는 가정과 결론 사이를 연결하는 것이 불가능했다. 가정과 결론 사이에 마치 높고 험한 산이나 물살 빠른 깊은 강이 가로막고 있는 듯하여, 둘 사이의 왕래는 가능하지 않았다. 그런데 증명이 확정되면 어떻게 될까? 가정과 결론 사이에 시원하게 쭉 뻗은 고속도로가 놓인 것에 비유할 수 있다. 가정에서 출발하면 필연적으로 결론에 도달할 수 있게 된 것이다. 귀류법과 같은 간접증명법은 직접 터널을 뚫어 길을 내는 것이 너무나 어려웠기에, 멀찌감치 산을 에돌아가는 우회도로를 낸 것이라고 할 수 있다. 그렇다 하더라도 가정에서 출발하면 필연적으로 결론에 다다를 수 있는 것, 그것이 증명이다.

증명과 관련된 이 모든 것은 고대 그리스인들의 독특한 지적 사유 덕택이다. 수학적 지식의 생성은 고대 그리스 이전에 이미 중국이나 인도 심지어 남미의 마야 문명과 같은 다른 지역에서도 이루어졌다. 원주율이나 분수 또는 각 문명에서 사용된 나름의 수 체계를 보면 알 수 있다. 피타고라스의 정리도 사실 피타고라스가 발견했다기보다는 고대 이집트나 메소포타미아 지역을 여행하면서 알게 된 지식이다. 하지만 지금 우리가 말하는 수학은 그런 낱낱의 지식 덩어리가 아니다. 오늘의 수학이라는 학문적 체계의 특징인 공리체계와 논리적 증명이라는 방법론이 존재하는가를 기준으로 판단하는 것이다.

그런 관점에서 수학이라는 학문은 순전히 고대 그리스인들의 고유한 창작물이라는 사실을 부정할 수 없다. 실용적인 면에서 풍성한 수학적 발견을 이룩한 다른 문명 세계는 지금의 수학이라는 학문에서와 같은 체계와 방법론을 마련하지 못했다. 오직 그리스인들만이 수학이라는 학문의 체계를 마련하고, 증명이라는 것을 완성하고, 이에 집착했던 것이다. 왜 그랬을까? 이 질문에 관한 하나의 가설을 모리스 클라인의《수학, 문명을 지배하다》*Mathematics in Western Culture*에서 찾을 수 있다. 그는 수학적 증명의 특징으로 꼽은 필연성을 고대 그리스인들의 신화와 연계하는 시도를 감행한 바 있다.

2. 피타고라스는 왜
자연수에 집착하였을까

그리스 신화 속의 수학

인간은 생각하는 존재이다. 바로 그 때문에 인간은 자신을 되돌아보며 자신의 삶이 유한하고 불완전한 존재라는 사실을 자각할 수 있다. 불로장생不老長生이라는 헛된 꿈을 가졌던 진시황, 천국이나 극락 같은 상상의 유토피아를 그리며 살아가는 인간 군상. 절대권력자든 평범한 사람이든 불멸의 삶을 꿈꾸는 건 크게 다르지 않았으니, 그것은 역설적으로 불안한 삶을 벗어날 수 없는 인간의 숙명적 한계를 보여주는 것이기도 하다.

아주 먼 옛날부터 인간은 세상일을 스스로 제어할 수 없다는 숙명적인 한계를 깨닫고 있었다. 가뭄이나 홍수, 화산 폭발, 지진 같은 천재지변을 겪기도 하고, 이웃 부족의 침략을 당해 삶의 터전을 잃기도 했다. 이러저러한 이유로 함께 생활하던 가족이나 지인이 참변을 당하는 일도 잦았다. 사랑하는 사람과 어쩔 수 없이 헤어지기도 하고, 굳게 믿던 친구에게 배신을 당하기도 했다.

인간은 자신이 얼마나 보잘것없고 나약한 존재인가를 깨닫지 않을 수 없었다. 하지만 감당하기 어려운 온갖 어려움을 겪으면서도 그런 상태로 수동적인 삶을 영위할 수만은 없다는 사실도 깨달았다. 스스로 납득하지 못하거나 이해할 수 없는 상황을 그대로 껴안은 채 살아갈 수는 없었기 때문이다. 생각하는 존재로서의 인간은 적어도 자기 자신만이라도 납득할 수 있는 나름의 설명을 내놓아야 했다.

'핑계 없는 무덤은 없다'는 옛 속담도 그런 관점에서 해석할 수 있다. 아무리 다른 사람에게서 천하에 죽일 놈이라는 손가락질을 받는다 하더라도, 자기 나름의 변명을 늘어놓는 것을 자주 목격하게 된다. 뻔뻔스럽고 후안무치하다고 여기는 것은 당연하다. 하지만 나름의 자기 합리화를 도모해야만 자신의 정체성과 존재감을 유지할 수 있기에 그런 것이다. 이런 행태에서도 생각하는 존재로서의 인간을 확인할 수 있다. 제목조차 기억나지 않는 정신의학서 속의 한 구절이 어렴풋이 떠오른다.

"어떤 환자라도 다 자기 나름의 이유가 있는 법이다."

자신의 행동을 포함하여 주변에서 일어나는 현상을 설명해야만 스스로의 정체성과 존재가 확인되는 인간의 특질은 결국 신화를 낳게 되었다. 신화는 단순한 옛날이야기가 아니다. 고대 문명이 잉태된 그 어떤 사회에서도 신화가 만들어지고 전해내려 온다. 신화를 만듦으로써 그리고 그 신화를 빌어서 인간은 자신의 삶과 주변에서 일어나는 온갖 재앙과 비참함, 기쁨과 쾌락 모두를 신의 탓으로 돌릴 수 있었다. 그렇게 함으로써 인간은 불가항력적인 현상이나 사건에서 한 발짝 벗어나 안도의 숨을 내쉴 수 있었다.

고대 그리스 신화의 탄생도 크게 다르지 않다. 그런데 그리스 신화에는 다른 고대 문화의 신화와는 구별되는 그들만의 특징이 있다. 그 속에서 그리스인들이 꽃피운 수학적 사고체계의 뿌리를 발견할 수 있다고 한다면, 너무 지나친 이야기일까?

고대 그리스 신화 전체를 들여다볼 수 없기에 하나의 예로 고대 그리스 비극의 대표작이라 할 수 있는 오이디푸스 신화를 살펴보자. 스스로 저지른 잘못을 짊어져야만 하는 오이디푸스의 운명과 거기에서 벗어나려고 발버둥치는 처절한 저항이 고스란히 이 비극에는 담겨 있다. 한편으로는 아무리 회피하려고 애를 써도 벗어날 수 없기에 어쩔 수 없이 결과를 받아들여야 하는 필연성이 작품 전체를 관통한다. 주인공 오이디푸스는 결코 자신의 의지로 죄를 저지른 것이 아니었다. 그럼에도 그는 스스로 자신의 죄를 깨닫고 그 벌을 받을 수밖에 없는 운명에 놓인다. 그가 자신의 어머니와 결혼한 것은 위기에 처한 테베시를 구한 자신의 영웅적 행위에 대한 보상이었다. 더욱이 자신의 결혼 상대가 어머니라는 사실을 전혀 알 수 없었다. 그런 그가 도덕적으로 비난받아야 마땅한다는 주장의 근거는 도대체 무엇인가?

그리스 신화는 바로 이 대목에서 인간의 나약함과 무기력 그리고 동시에 신이라는 존재의 초월적 힘을 드러내 보여준다. 시간이 흐른 후에 오이디푸스는 결국 자신이 아버지를 살해하고 근친상간까지 범하였다는 참담한 사실을 알게 된다. 그것은 자신의 운명이었고, 그렇기에 비극을 피할 길은 절대로 없었다. 이 같은 그리스 비극의 운명성과 필연성은 어쩌면 유클리드 기하학에서 증명을 이끌어내는 연역적 추론의 강제성과 맥을 같이한다.

앞에서 보았던 '$\frac{\sqrt{2}}{-3}$는 무리수이다'는 명제의 증명 과정이 고대 그리스 비극의 필연성과 연계된다는 것이다. '$\frac{\sqrt{2}}{-3}$는 무리수가 아닌 유리수'라는 전제에서 시작된 추론이 결국 모순이라는 막다른 결론에 봉착했고, 따라서 모순을 피하는 길은 오직 단 하나의 선택밖에 없다. 결국 어쩔 수 없이 처음에 설정한 가정을 필연적으로 부정할 수밖에 없게 되는데, 이것이 우리가 원하는 명제의 결론이었다. 수학적 증명 과정에는 주어진 전제로부터 어떤 결론을 끌어낼 것인지를 임의로 선택할 권한이 우리에게 주어지지 않는다. 추론의 결과로 얻어지는 결론은 그래서 필연적으로 참일 수밖에 없다. 그러니 수학적 증명을 시도하는 우리는 그리스 비극의 주인공인 오이디푸스의 신세와 별반 다르지 않은 것 같다.

신화에서 학문으로

최초의 철학자이자 수학자라 할 수 있는 탈레스는 이렇게 말했다.

"만물은 신들로 가득 차 있다."

고대 그리스인들이 언급하는 신은 오늘날 기독교와 같은 종교에서 말하는 믿음의 대상이 아니다. 그들이 말하는 신은 삼라만상 그 자체였다. 예를 들어, 오늘날에는 신을 이렇게 설명한다.

"신은 사랑이다." "신은 죽었다." "신이 내렸다."

하지만 고대 그리스인들에게 신은 주어가 아닌 술어였다. 인간의 열정적인 사랑을 표현할 때 그들은 이렇게 말한다. "그것이 신이다." 전쟁의 참혹한 비극을 말할 때에도 그들은 "그것이 바로 신이다"고 말한다. 고대 그리스인들의 눈에 비친 세계에는 언제 어디나 신이 존재하고 있었다. 그래서 그들은 항상 신을 만날 수 있었다. 한 남자가 한 여자의 미모와 매력에 사로잡혀 자신의 생명까지 바쳐야 할 어쩔 수 없는 상황에서도, 커다란 공포에 질려 무섭거나 비참한 상태에 빠져 처절함의 극치에 놓여 있는 상황에서도, 그들은 신을 만날 수 있었다. 자신들의 삶은 어떤 초월적인 힘이 아니고서는 겪을 수 없는 삶이라고 그들은 느꼈던 것 같다. 그렇기에 그들은 언제 어디서나 신이 존재한다고 여겼던 것이다.

트로이 전쟁을 소재로 다룬 호메로스의 작품에 등장하는 그리스 영웅들을 보더라도 그렇다. 그들의 운명은 모두가 신의 장난에 따라 결정되었다. 유한한 존재인 인간으로서는 극복할 수 없는 경험을 하면서, 그 뒤에는 반드시 초월적인 신의 힘이 있다고 생각했다. 델포이 신전에 내걸려 있다는 "너 자신을 알라"는 금언은 이를 말해준다. 우리 자신이 불멸의 존재가 아니라 유한한 존재로서의 인간임을 잊지 말라는 뜻을 담고 있으니까.

고대 그리스 사람들은 사랑, 증오, 전쟁, 죽음… 이 모든 삶의 경험들이 초월적 힘이 작용하여 이루어지는 것이라고 간주했다. 그래서 그들은 신의 모습이 감각적인 사랑의 형태로 드러나면 그 모습을 '아프로디테'라고 불렀고, 전쟁의 소용돌이 속으로 삶이

휘말려 들어갈 때는 그 세계를 '아레스'라고 표현했다. 그러므로 그리스 신화는 고대 그리스인들이 자신들의 삶과 세계의 의미와 맥락을 어렴풋이나마 이해하려는 시도의 일환으로 신을 중심으로 풀어가는 다양한 이야기라고 말할 수 있다. 하지만 고대 그리스인들은 신화에만 머무르지 않았다. 신화에서 한 걸음 더 나아가 학문의 세계로 나아갔다.

대부분의 사람들은 중고등학교 윤리 시간이나 철학 시간에 배웠을 다음과 같은 내용을 기억할 것이다.

"만물은 물이다." — 탈레스
"만물은 공기다." — 아낙시메네스
"만물은 불이다." — 헤라클레이토스
"만물은 원자다." — 데모크리토스

암기하기 어려운 그리스인들의 이름 때문에 곤혹스럽던 기억이 떠오른다. 느닷없이 던지는 어처구니없는 주장을 전혀 이해할 수 없어 울컥 짜증이 나곤 했다. 그때는 이런 생각도 들었다.

'정말 할 일 없는 사람들이네. 별걸 다 철학이랍시고 떠들어대니 말이야.'

정말 그들은 그렇게도 할 일이 없었던 모양이다. 사실 그랬다. 인간이 철학을 하기 시작한 것은 여유가 생겼기 때문이라는 아리스토텔레스의 주장이 이를 뒷받침해준다. 하지만 굳이 그의 말을 빌지 않아도 철학은 고대 그리스인들의 특출한 재능이었다. 여유가 있다고 하여 모든 사람이 철학자가 되는 것은 아니니까. 철학에 빠지기보다는 오히려 배부른 돼지처럼 사치하고 방탕한 생활에 얼마든지 빠질 수 있음은 그 후 고대 로마시대를 돌아보면 알 수 있지 않은가.

고대 그리스인들의 철학에 대한 관점을 잘 보여주는 것으로 '코스모스'cosmos라는 낱말을 들 수 있다. 코스모스는 우주를 뜻하지만 원래는 '장식' 또는 '아름답게 정돈된 것'을 의미하는 단어였다. 화장품을 뜻하는 코스메틱cosmetic이 코스모스에서 파생된 단어라는 점을 생각하면 충분히 이해할 수 있다. 코스모스라는 단어가 보여주듯이 그들은 우주를 하나의 아름답게 정돈된 질서라고 보았다. 하지만 여기서 우리가 더 중요하게 다루어야 하는 것은 그들이 내놓은 답이 아니라 질문 그 자체이다.

이제부터 고대 그리스인들은 색다른 질문을 던지기 시작했다는 사실을 간과하지 말자. 신화를 창조하고 나서 신화에만 머무르지 않았다. 그들은 세상에 대하여 또 다른 새로운 의문을 품게 된 것이다. '세상은 무엇으로 이루어졌을까?'라는 질문, 즉 이 세계 전체를 떠받치는 것이 과연 무엇일까 하는 문제를 탐구하기 시작했다. 불안정한 삶의 상황을 극복하고 통일성을 찾으려는 노력의 일환이었다. 만물의 근원이 무엇인지에 대하여 질문을 던지면서 나름의 궁극적인 통일성을 추구했던 것이다. 물, 불, 원자, 공기 등은 이와 같이 세계의 근원에 대하여 던진 자신들의 질문에 대한 답이었다. '세상은 무엇으로 이루어졌을까?'라는 질문은 인류가 신화의 세계를 벗어나 자연과학의 세계로 들어섰음을 뜻하는 매우 중요한 전환점이었다. 그 와중에 피타고라스학파는 다음과 같은 답을 내놓았다.

"만물은 수이다."

질문이 중요하고, 세상의 근원에 대한 중요한 물음으로 나아갔다고 고대 그리스인들을 치켜세웠지만, 사실 그들이 내놓은 답은 형편없기 그지없다. 이 세상의 만물이 물이라거니, 불이라거니 제 아무리 그럴 듯하게 논리적으로 설파한들 무슨 소용 있으랴. 현대 과학시대를 살아가는 우리에게는 콧방귀도 뀌기 귀찮을 정도의 궤변에 지나지 않으니 말이다. 그런데 피타고라스는 물이나 불, 원자도 아닌 '수'라고 하였다. 해도 해도 너무 나간 것이다. 그럼에도 피타고라스의 주장을 결코 과소평가해서는 안된다. 잠시 인내심을 발휘하여 그들 나름의 논리 전개에 귀를 기울여보자.

피타고라스학파의 탄생

이 책의 첫 장면을 다시 떠올리자. 코발트빛 푸른 바다와 쪽빛 하늘이 어울려 블루의 향연을 펼치는 지중해. 그 가운데서도 그리스와 소아시아 반도 사이의 에게해는 섬이 많기로 유명하다. 마치 푸른 천에 녹색 물감을 점점이 떨어뜨려놓은 듯 그림처럼 아름다운 풍광이 이어진다. 피타고라스는 그 에게해의 동쪽 끝에 자리 잡은 사모스 섬에서 태어났다. 지금으로부터 약 2,600년 전인 기원전 580년경의 일이다. 그의 아버지는 보석공이었다. 보석공이 당시 사회에서 어떤 위치였는지 자세히 알 수는 없지만, 그가 금수저를 물고 태어난 것은 아닌 것 같다.

피타고라스는 기원전 530년경 갑자기 이탈리아 남부 해안에 그리스인들이 세운 도시 크로토나로 이주하였다. 전해지는 이야기에 따르면 당시 사모스 섬의 참주인 폴리크라테스의 폭정을 피해 이주하였다고 한다. 그의 망명 소식을 들은 크로토나의 원로들이 피타고라스를 찾아갔다. 젊은이들을 위해 한마디 해달라고 부탁하기 위해서였다. 이로 미루어 보아 당시 그는 이미 꽤 유명인사였던 것 같다. 피타고라스는 주어진 기회를 놓치지 않았다. 사람을 사로잡는 강연 솜씨를 바탕으로 3백여 명이나 되는 학생들을 끌어 모아 자신의 힘을 키우는 발판 세력으로 삼았다. 피타고라스학파는 이렇게 탄생하였다.

오늘날의 관점으로 볼 때 피타고라스학파는 학술 단체도 아니고 학교도 아니다. 이들은 신비주의와 합리주의의 교리를 포괄하는 하나의 공동체였다. 어쩌면 그들이 집착했던 신비주의는 그리스의 토착 신비주의 종교에서 영감을 받았을지 모른다. 어쨌든 그들은 영혼의 정화를 자신들의 목표로 정했다. 신체의 구속으로부터 영혼을 구제하고 물질의 오염으로부터 영혼을 정화하겠다는 것이다. 그들은 금욕을 중시하고, 몇몇 금기를 실천하였다. 그들이 지킨 규칙 가운데는 다음과 같은 이상야릇한 것들도 들어 있었다.

떠오르는 해를 경배하는 피타고라스학파. 러시아 화가 표도르 브로니코프의 그림.

- 털로 만든 옷을 입지 말라.
- 제사 때를 빼고는 고기나 콩을 먹지 말라.
- 흰 수탉을 만지지 말라.
- 동물의 심장을 먹지 말라.
- 화로에서 냄비를 들어낼 때는 반드시 재를 다시 섞어라.
- 불빛 옆에서 거울을 보지 말라.

이들 금기사항에 무슨 깊은 뜻이 숨어 있지 않나 하고 너무 곰곰이 생각하지 않도록 하자. 어느 집이든 다른 사람에게 보여 주고 싶지 않은 빨아야 할 걸레가 있기 마련이듯이, 다른 집 사람들은 이해할 수 없는 이상하고 해괴한 관습이나 말투가 있을 터이니. 그런데 그들의 믿음 가운데서 동아시아에 살고 있는 우리에게 그리 낯설지 않은 내용이 눈에 띈다. 육체에서 해방된 영혼이 다른 몸으로 환생한다는 주장이다. 불교의 윤회설과 다르지 않다. 불교를 창시한 고타마 싯다르타는 피타고라스와 비슷한 시기에 인도에서 태어났다. 윤회설이 우리에게는 친근하게 다가올지 몰라도 다른 서양인들의 눈에는 너무나 특이했나 보다. 피타고라스학파를 이상한 집단이라고 몰아붙이는 계기가 되었으니 말이다. 그 후에도 피타고라스학파는 종종 조롱거리의 소재가 되었는데, 윤회설이 그 빌미가 된 것으로 보인다.

고대 그리스의 철학자였던 크세노파네스는 이런 말을 전한다.

> 길을 지나던 피타고라스가 어떤 사람이 몽둥이로 개를 때리는 것을 목격하고 만류하는 장면이다. 그들은 이런 대화를 나누었다.
>
> "그만, 이제 그만 때리게나. 내 친구의 영혼이 그 개 안에 들어 있단 말일세."
>
> "그걸 당신이 어떻게 안다는 말이오?"
>
> "저 비명이 바로 내 친구의 목소리이니까."

실제 그랬는지는 몰라도, 피타고라스를 조롱하기 위해 크세노파네스가 지어낸 이야기였을 것이다. 그는 원래부터 독설가였다는 사실을 다음 일화에서 충분히 짐작할 수 있다.

엠페도클레스가 크세노파네스를 만나 그의 면전에 대고 말한다.

"당신은 혼자서 세상의 이치를 터득했다고 자랑하며 다니는데, 당신을 직접 보니 어디에도 현자의 모습이 보이지 않는데?"

크세노파네스는 이렇게 되받아쳤다.

"당연하지, 자네는 볼 수 없을 거야. 현자만이 현자를 알아볼 수 있으니까."

스스로 이해할 수 없거나 납득이 되지 않으면, 자신의 혀를 통제할 수 없던 크세노파네스였다. 피타고라스의 기이한 언행도 그의 혀를 벗어날 수 없었던 것이다. 영국의 셰익스피어도 그의 윤회설에 대하여 신기하게 여기면서도 비아냥거리기는 마찬가지였다. 다음은 셰익스피어 작품 〈십이야〉에 등장하는 대목이다.

광대 : 말볼리오. 그대는 왜 그토록 사냥을 반대하오?

말볼리오 : 피타고라스가 말하기를 도요새의 몸속에 내 할머니의 영혼이 머무를 수도 있다고 하지 않았소?

광대 : 그렇다면 그대는 그 무지 속에 계속 머무르시오. 당신 할머니의 영혼을 강제로 퇴거시키게 될까 두려워서라도. 새 한 마리도 죽이지 못하는 그 괴상한 정신 상태에서 완전히 회복될 때까지 나는 당신을 아는 체하지 않겠소.

다른 사람들의 눈에는 기묘하기 짝이 없어 보일지 몰라도 피타고라스학파는 윤회설과 채식주의를 삶의 방식으로 정했다. 혹 머나먼 인도 땅에 살던 불교도들이 그렇게 살았다는 사실을 알고 따라 했던 것은 아닐까? 아마도 그들은 불교 세계를 미처 알지 못했을 것이다. 어쨌든 그들의 삶의 방식이 당시만이 아니라 그 이후의 서구인들에게도 매우 유별난 행동으로 보인 것만은 틀림없어 보인다. 그들의 기이한 세계관은 이뿐만이 아니었다. 그들은 우주 전체가 어떻게 작동하는지에 대해서도 매우 독특한 세계관을 가졌는데, '만물의 근원은 수(자연수)'라고 철석같이 믿었던 것이다.

자연수에 집착한 피타고라스학파

피타고라스는 우주 안에 있는 온갖 사물과 현상, 즉 삼라만상을 지배하는 으뜸이 수라고 주장했다. 더 나아가 수를 숭배의 대상으로 간주하였다. 물론 그들이 숭배하는 수는 지금 우리가 알고 사용하는 의미의 수와는 다른 것이다. 그들이 말하는 수는 오로지 자연수를 뜻한다. 정말 이상하지 않은가? 도대체 숭배할 것이 따로 있지, 수를 숭배하다니. 그것도 자연수를 숭배하다니! 하지만 자연수에 대한 그들의 태도는 우리의 상상을 훨씬 초월한다.

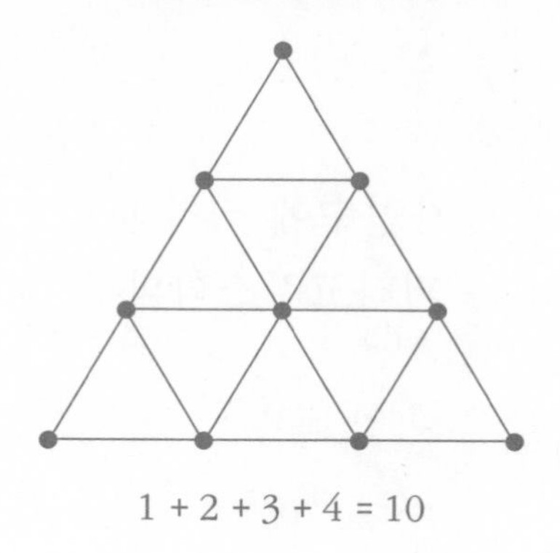

1 + 2 + 3 + 4 = 10

피타고라스학파는 자연수 중에서도 1, 2, 3, 4라는 처음 네 개의 자연수를 테트락티스tetraktys라고 불렀다. 그리고 이들을 모두 더한 값인 10이라는 자연수와 함께 신성시하였다. 신성시한다는 표현은 절대로 과장이 아니다. 그들은 이들 수에 대한 기도문까지 만들었다. 기독교의 주기도문을 떠올리는 다음과 같은 기도문이다.

> 우리에게 은총을 주소서, 신령한 숫자여! 당신은 신들을 만들어내고 사람을 만들어냈습니다. 성스럽고 성스러운 테트락티스여! 당신은 모든 창조물이 끊임없이 흘러나오는 뿌리와 원천을 품고 있습니다. 신령한 수는 심오하고 순수한 1에서 시작해 신성한 4까지 이릅니다. 그리고 신령한 네 개의 수는 만물의 어머니를 잉태하니, 그 어머니는 모든 것을 끌

어안고 모든 것을 감싸는 존재이며 최초로 탄생한 피조물이 자 결코 바른 길에서 벗어나지 않는 존재, 만물의 비밀을 쥐고 있는 10입니다.

그들이 자연수를 숭배했다는 사실이 전혀 과장이 아님을 확인할 수 있지 않은가? 그들은 여기서 그치지 않았다. 각각의 자연수에 나름의 의미를 부여하였다. 예를 들어 1은 불, 2는 물, 3은 흙, 4는 공기를 나타낸다고 하였다. 심지어 피타고라스는 새로 입회한 제자에게 1부터 4까지 세도록 한 뒤에 이런 말을 했다고 한다.

"내가 4라고 생각하는 수는 실은 10이며 완전한 삼각형이자 우리들의 암호라네."

피타고라스학파의 수에 대한 집착은 도를 지나쳐 미신적인 주술의 단계까지 나아갔다.

1을 인간의 이성과 동일시하였다. 이성이란 단지 하나의 일관된 전체만을 산출할 수 있기 때문이라는 것이 그 이유이다.

2는 의견을 말하고, 4는 정의正義와 동일시하였다. 1+1=2이고, 2+2=4가 성립한다. 즉, 2와 4는 똑같은 수를 합쳐서 이루어진 최초의 수이기 때문이라는 것이다.

5는 결혼을 의미하는 수이다. 1을 제외한 최초의 홀수 3과 최초의 짝수 2를 더한 값이기 때문이다.

7은 건강 그리고 8은 사랑과 우정을 뜻한다고 여겼다.

피타고라스학파의 이 같은 공상적 추론은 단순히 그들만의 리그로 끝난 것은 아니다. 자연수에 대한 사변적 추론이 서양 문화에 끼친 영향이 아직도 남아 있음을 발견하게 된다. 영어 단어 square-shooter가 공정하고 정의롭게 행동하는 사람을 뜻하는 것이 그 대표적인 예이다. 피타고라스학파는 4를 정사각형square의 4꼭짓점으로 생각하여 정의와 동일시했는데, 거기에서 유래된 것이다.

삼라만상을 수, 특히 자연수에서 찾으려 했던 그들의 시야는 인간세계에까지 뻗어갔다. 짝수는 여성적인 것, 홀수는 남성적인 것으로 보았다. 더 나아가 짝수는 악, 홀수는 선을 상징한다고 간주했다. 그렇다면 그들은 성차별주의자들이었을까? 피타고라스학파의 원칙이 평등이고, 다수의 여성이 그 구성원이었다는 사실로 미루어보아 남성 우위를 주장하는 차별주의자들이라고는 할 수 없지만, 글쎄다. 피타고라스가 상당한 나이 차에도 불구하고 결혼한 여성이 그가 가장 아낀 제자라는 사실도 어떻게 해석할 수 있을지 의문이 들기에 말을 아끼는 것이 좋을 것 같다.

어쩌면 짝수를 여성적인 수이며 악을 상징한다고 간주했던 것은 다른 이유 때문일 수도 있다. 짝수가 무한히 이등분될 수 있음에 주목하자. 2는 1로, 4는 2로, 8은 4로 … 계속 무한히 이등분될 수 있다. 무한대로 진행되는 이 과정이 두려웠기 때문은 아닐까?

고대 그리스인들은 무한 개념을 제대로 이해하지 못하였다. 그래서 의도적으로 무한을 회피했다. 그들이 가장 선호한 도형은 가장 단순한 직선이 아니었다. 직선은 그 자체로 온전히 파악되기 어렵기 때문이다. 직선을 따라가는 것이 단순한 유형의 운동임에는 틀림없지만, 한없이 가야 하기 때문에 결코 완성되지 않는다. 종착점이 없다는 것이다. 끝이 없는 심연의 세계를 향해 무작정 나아가야 한다는 무한 개념을 두려워한 나머지, 그들은 원 운동을 선호했다. 시작이 있으면 끝이 있으니까.

'무한의 침묵' 앞에서 위축된 그들의 모습은 철학에서도 발견할 수 있다. 이 시리즈의 다른 책(《수학은 짝짓기에서 탄생하였다》)에서 만날 수 있는 무한의 패러독스는 고대 그리스의 철학적 사고에서 극복할 수 없는 장벽임이 판명되었다. 아리스토텔레스는 무한이란 불완전하며 완료될 수 없고, 그러므로 생각할 수도 없는 것이라고 말했다. 무한은 형식도 없고 혼란스러운 것으로 간주되었다. 이런 관점은 선善에는 한계가 존재하고 내용이 확정되어 있다는 관념을 부여한 반면에, 악惡은 결정되지 않은 무한한 것이라는 관념에 토대를 둔 것이었다. 어떤 대상이 완전하다는 것은 그 자체가 유한하고 명확하다는 뜻이다. 그래서 소포클레스는 다음과 같이 말했다.

"광대한 것은 어떠한 것이라도 저주 없이 인간의 삶으로 들어오지 못한다."

무한에 대한 고대 그리스인들의 공포감은 수학에서 더욱 분명히 확인할 수가 있다. 나중에 등장하는 유클리드 기하학은 직선 자와 컴퍼스로 몇 번의 작도를 통해 구성할 수 있는 도형, 그리고 주어진 몇 개의 한정된 공리로부터 연역적 추론에 의해 성립할 수 있는 정리에 국한되어 있다. 추론을 통해 새로운 주제를 전개해나가는 경우에도 다른 새로운 공리가 도입되지 않는 폐쇄성을 가지고 있다는 것이다. 무한한 직선을 다루는 것 같지만, 실제로는 직선이라 가정한 필요한 길이만큼만 연장한 선분을 다룬다. 수의 집합도 그러하다. 수의 집합 그 자체를 무한이라 간주한 것은 잠정적으로 그렇다는 의미다. 다루는 수의 대상은 언제나 유한 집합의 수였다. 필요하면 언제나 더 많은 수를 여기에 덧붙일 수 있다는 의미에서만 무한으로 여겼다. 이처럼 짝수에 대한 그들의 거부감은 무한에 대한 공포와 밀접한 관련을 갖고 있다. 다시 피타고라스의 수로 돌아가자.

그들에게 가장 완벽한 수는 무엇일까? 6은 완벽한 수의 가장 간단한 예이다. 6의 약수는 1, 2, 3, 6이다. 이때 자신인 6이라는 수를 제외한 나머지 약수들인 1, 2, 3을 더하면 6이 된다. 1+2+3=6. 이처럼 자신을 뺀 모든 약수들의 합이 자신과 같은 수가 되면 완벽한 수라고 하였다.

매우 드문 일이지만 어떤 두 수가 각각 상대방의 약수의 합이 되는 경우가 나타난다. 이런 두 수는 마치 친구 같다고 하여 친화수라고 부른다. 예를 들어 220의 약수는 1, 2, 4, 5, 10, 11, 20, 22, 44, 55, 110인데 이들을 다 더하면 284이다. 그런데 284의 약수는 1, 2, 4, 71, 142이고 이들을 더한 값이 220이다. 따라서 220과 284는 서로 친화수이다.

피타고라스학파의 자연수에 대한 애정은 이처럼 끝없이 나아갔다. 하지만 그 무엇도 앞에서 언급한 10이라는 수에 대한 애정을 뛰어넘지는 못했다. 10은 말 그대로 가장 이상적인 수였다. 따라서 우주에 움직이는 천체의 개수가 10개라는 황당한 주장을 내놓기도 했다. 우주의 중심에는 '거대한 불덩이'가 있으며 이를 중심으로 지구, 태양, 달 그리고 당시 알려진 5개의 행성과 항성들이 속해 있는 항성천이 나머지 하나의 별과 함께 회전하고 있다는 그럴 듯한 주장이다. 거대한 불덩이가 무엇인지도 알 수 없고, 나머지 하나의 별이라는 것도 10이라는 숫자에 꿰어 맞춘 것이다. 하지만 그럼에도 이들의 주장은 천문학 역사에서 지구가 우주의 중심이라는 왕좌를 포기한 최초의 사건이었다.

10의 완전성에 대한 그들의 경배는 여기서 그치지 않았다. 우주의 만물을 단 10개의 범주로 기술할 수 있다고까지 주장했던 것이다. 홀수와 짝수, 경계가 있는 것과 없는 것, 오른쪽과 왼

쪽, 하나와 다수, 여성과 남성, 선과 악이라는 5개의 대립적 범주가 그것이다. 이들의 이 같은 사변적 공상은 대부분 터무니없지만, 그럼에도 피타고라스의 으뜸가는 제자인 필롤라오스는 다음과 같이 말했다.

> 파악할 수 있는 모든 것들은 수를 갖는다. 수가 없이는 어떤 것도 인식할 수 없고 파악할 수 없기 때문이다. … 악마와 신 사이에 벌어지는 사건뿐만 아니라 행동하고 만들고 음악을 하는 모든 인간의 생각 속에서도 수는 자신의 힘을 발휘한다.

그렇게 그들은 만물을 움직이는 것이 수라고 주장하며 확신했다. 하지만 그들이 생각하고 말하는 수는 어디까지나 자연수에 국한되었던 것이다. 2의 제곱근인 무리수 $\sqrt{2}$ 나 원주율인 무리수 π도 아니고, 19세기에 들어와 인정을 받은 허수 단위인 i(제곱하면 -1이 되는 수)도 아니었다. 그렇다면 유리수는? 자연수는 유리수와 도대체 어떤 관계에 있다는 것일까? 이 질문에 답을 할 수 있어야만 지중해에서 벌어진 살인사건의 동기를 제대로 파악할 수가 있다. 다시 수학의 세계로 돌아가 보자.

3. 무리수를 인정하지 않은 진짜 이유

분수를 알고 있을까

사람들은 정말 분수를 알고 있을까? 혹시 잘 알지도 못하면서 분수에 맞지 않게 분수를 알고 있다고 착각하는 것은 아닐까? 우리는 아직 분수가 무엇인지 말한 적이 없다.

이 책에서 분수라는 용어를 처음 사용한 것은 유리수를 언급할 때였다.

"유리수란 분수 $\frac{b}{a}$(a와 b는 정수)로 나타낼 수 있는 수이다.
단, $a \neq 0$ (분모는 0이 아니다)"

유리수의 정의를 제시하면서 마치 분수라는 용어를 누구나 잘 알고 있는 것처럼 가정했다. 솔직히 그렇다고 가정했을 뿐이지, 그대로 믿었던 것은 아니다. 십중팔구 대부분의 사람들은 '유리수란 분수로 나타낼 수 있어야 한다'는 구절을 무심코 넘겼을 것이다. 만일 그랬다면, 분수가 무엇인지 확실하게 이해하지 못하는 증거다. 수긍할 수 없다고? 미심쩍거든 다음 질문에 답해보라.

'유리수는 분수인가? 분수 중에서 유리수가 아닌 것도 있는가?'

이 질문에 즉각 제대로 답변하지 못하는 사람은 분수를 완벽하게 알고 있다고는 말할 수 없다. 먼저 예를 들어보자. $\frac{2}{3}$라는 분수는 유리수이다. 그렇다면 분수와 유리수는 같은 것이라고 해도 되는 것 아닌가. 굳이 용어를 다르게 사용할 필요가 없지 않은가?

아니다. 결론부터 말하면, 분수와 유리수는 다르다. 앞에서 유리수를 살펴보았으니, 이제부터는 분수가 어떤 수인지 자세히 알아보자. 초등학교에서 배운 분수, 그래서 누구나 잘 알고 있다고 여길 수도 있다. 그렇다면 다음 문제의 답을 말해보라.

Quiz

다음 중 분수는?

$$2.3333,\ \frac{\sqrt{2}}{-3},\ \frac{\pi}{2},\ \frac{1.2}{5.74},\ \frac{\frac{2}{3}}{4},\ \frac{1}{3},\ \frac{-3}{8},\ 1.45,\ \pi,$$

$$\frac{1}{x+3},\ \frac{\sin 45°}{2}$$

〈정답〉 $\frac{\sqrt{2}}{-3},\ \frac{\pi}{2},\ \frac{1.2}{5.74},\ \frac{\frac{2}{3}}{4},\ \frac{1}{3},\ \frac{-3}{8},\ \frac{1}{x+3},\ \frac{\sin 45°}{2}$

초등학교에서 분수를 배웠음에도 불구하고 주어진 수가 분수인지 아닌지를 가리는 것이 그리 쉽지 않다는 사실을 느꼈을 것이다. 특히 $\frac{\pi}{2}$ 또는 $\frac{1}{x+3}$을 분수라고 답하는 것을 꺼려할 것으로 짐작된다.

몇 년 전 서울의 어느 대학에서 필자의 강의를 듣던 70명의 학생들에게 이 문제를 낸 적이 있다. 단 한 명도 정답을 제대로 말하지 못했다. 수학을 전공하는 학생들이었기에 나타난 결과에 대한 놀라움은 무척이나 컸다. 이유를 곰곰이 생각해보았다. 다름 아닌 우리 교육의 한계다. 많은 시간을 들여 열심히 공부하는 것 같지만, 정작 학문의 본질과는 거리가 먼 엉뚱한 것을 배우고 있음을 알 수 있다.

분수가 들어 있는 계산만 반복했던 것이다. 지시한 대로 주어진 절차를 밟아 따라가면 결과를 얻을 수 있는 계산을 말한다. 단순 계산이야 굳이 사람이 하지 않아도 계산기가 척척 해결해 준다. 그런데도 죽어라 계산 연습만 하는 것이다. 정작 왜 그런 절차를 밟아야 하는지는 제대로 알지 못한다. 분수는 무엇인가와 같은 근원적인 의문을 품도록 가르치지도 않고, 그럴 겨를도 없다. 위의 문제는 분수를 잘 알고 있다는 것이 착각일 수 있음을 알려주려는 의도에서 제시한 것이다. 수학을 배우는 과정에서 중요한 것은 수학 속에 들어 있는 패턴을 발견하는 일이다. 그러기 위해서는 의문을 갖도록 해야 한다.

하나의 예를 들어보자. 분수 곱셈이란 분자끼리 곱하고 분모끼리 곱하여 답을 얻는 것임을 대부분 잘 알고 있다. 따라서 다음과 같이 계산하면 된다.

$$\frac{1}{2} \times \frac{3}{4} = \frac{1 \times 3}{2 \times 4} = \frac{3}{8}$$

반면에 분수의 덧셈은 다음과 같이 해야 한다.

$$\frac{1}{2} + \frac{3}{4} = \frac{2}{4} + \frac{3}{4} = \frac{2+3}{4} = \frac{5}{4}$$

곱셈과는 달리 분모를 통분한 후에 분자끼리 더해야 하는 번거로움이 있다.

그렇다면 이런 의문을 가질 수 있지 않을까? 왜 분수 덧셈은 곱셈과 다르지? 분모끼리 더하고 분자끼리 더하면 왜 안될까? 그 설명은 쉽지 않다. 분수의 정의에서 시작하여 연산에 이르기까지 여러 단원에 걸쳐 설명해야 한다. 분수를 초등학교 2,3학년부터 5,6학년까지 나누어 배우도록 교육과정이 편성되어 있는 이유다. 그런데 문제는 이런 분수의 덧셈 절차가 적용되지 않는 상황이 나타난다는 것이다. 다음 문제를 살펴보자.

> 메이저리그에서 활약하는 추신수 선수가 어제는 2타수 1안타($\frac{1}{2}$), 오늘은 4타수 3안타($\frac{3}{4}$)의 맹타를 휘둘렀다. 이틀 동안의 타율은 얼마인가?

이 가상의 상황에서 추신수는 이틀간 총 6타수 4안타를 쳤으니 타율은 $\frac{4}{6}=0.666\cdots$ 이다. 그런데 이 값은 다음과 같은 이상한 풀이 절차와 일치한다.

$$\frac{1}{2}+\frac{3}{4}=\frac{2}{4}+\frac{3}{4}=\frac{2+3}{4}=\frac{5}{4} \qquad \text{(x)}$$

$$\frac{1}{2}+\frac{3}{4}=\frac{1+3}{2+4}=\frac{4}{6} \qquad \text{(o)}$$

분모를 통분하는 정상적인(?) 분수 덧셈이 아니다. 분자끼리 더하고 분모끼리 더해야 문제의 답을 얻을 수 있다. 도대체 어찌된 일인가? 자세한 설명은 '잃어버린 수학을 찾아서' 시리즈의 두 번째 책인《계산 천재 수학 바보》에서 다루고 있다.

어쨌든 이 모든 것은 분수 계산의 결과를 얻는 절차만 알기 때문에 나타난 것이다. 왜 그래야 되는가에 대해서는 소홀히 여겼다. 분수의 덧셈도 분수의 곱셈과 같이 분자끼리 더하고 분모끼리 더하면 왜 안되는가 하는 의문을 품도록 해야만 한다. 그것이 분수 계산을 수학답게 가르치고 배우는 길이다. 그런 의문을 가진 교사와 학생을 과연 얼마나 발견할 수 있을까?

분수는 무엇인가

다시 원래의 주제인 '분수는 무엇인가?'라는 질문의 답을 생각해보자. 답은 의외로 매우 단순하다.

'분수는 $\frac{a}{b}$와 같이 두 양의 비로 나타낸 수이다.
단, b는 0이 아니다.'

정말 간단하다. 분자와 분모가 있으면 분수다. 분자와 분모가 어떤 수여야 하는지에 대한 조건도 없다. 단지 분모가 0이 아니라는 조건이 있을 뿐이다. 그러니까 분자와 분모를 찾을 수 있으면 분수라고 말할 수 있다. 이 정의를 생각하며 위에 제시된 문제의 정답을 다시 살펴보자.

〈정답〉 $\frac{\sqrt{2}}{-3}$, $\frac{\pi}{2}$, $\frac{1.2}{5.74}$, $\frac{\frac{2}{3}}{4}$, $\frac{1}{3}$, $\frac{-3}{8}$, $\frac{1}{x+3}$, $\frac{\sin 45°}{2}$

이제 왜 이 수들이 분수인지 분명히 알 수 있지 않은가? 분모와 분자가 있기 때문이다. 그런데 $\frac{\sqrt{2}}{-3}$ 와 $\frac{\pi}{2}$는 유리수가 아닌 무리수이다. 이미 앞에서 증명한 바 있다. $\frac{1}{x+3}$은 숫자가 아닌 문자가 들어 있으니 유리수도 아니고 무리수도 아니다. 하지만 모두 분수라 말한다. 유리수와 분수는 같지 않다는 사실이 분명히 드러났다. 실제로 어떤 차이가 있을까?

지금까지 살펴본 바에 따르면, 유리수는 분명히 수이다. 그렇다면 분수는 수가 아니라는 말인가? 글쎄다. 분수는 자연수나 정수 또는 유리수와는 그 성격이 조금 다르다. 그 차이를 보다 명쾌하게 밝혀보자.

우리말의 분수는 전문적인 수학 용어이다. 하지만 이는 영어의 fraction을 번역한 것으로, 영어권에서는 생활에서 사용하는 일상용어이다. 예를 들어 다음과 같이 사용한다.

'Would you step down a fraction?' (조금만 내려가 주시겠어요?)

'Just give me a fraction.' (조금만 주세요)

'조금'을 뜻하는 a little bit과 비슷한 의미이다. 두 번째 문장은 누군가 음식을 권할 때의 상황이다. 사양하기는 좀 그렇고 하니 맛보기용으로 아주 조금만 달라는 뜻이다. 이렇듯 우리에게 전문용어인 분수가 영어로는 생활용어이기 때문인지 몰라도, 그들은 분수라는 단어를 우리만큼 낯설어하지 않는다.

실은 분수分數라는 단어에도 영어의 뜻과 비슷한 의미가 담겨 있다. 한자어 분分은 나눈다는 의미다. 그러니 분수란 어떤 수를 나누어 잘게 자른 결과를 말한다. 이때의 어떤 수는 물론 자연수이다. 뭔가를 측정하는 상황에서 개수가 딱 떨어지지 않는 경우가 있다. 1, 2, 3 … 과 같은 자연수만으로 나타낼 수 없을 때는 어떻게 해야 하는가? 예를 들어 한 꾸러미의 사과를 몇이서 나누어 갖는다고 생각해보자. 자연수를 사용하여 사과 1개, 2개, 3개처럼 각자의 몫을 나타내지만, 마지막 남은 사과 하나까지 공평하게 분배하기 위해서는 절반, 반의반과 같이 더 잘게 나누어야 하는 경우도 있다. 이를 숫자로 나타낼 때 분수가 필요하다.

분수는 $\frac{3}{4}$이라는 예처럼 숫자로 나타낸 기호이다. 이때 분모 4는 전체에 해당하는 값이고, 분자 3은 그 일부에 해당하는 값을 말한다. 유리수의 엄격한 정의와는 다르다. 단지 표기된 형태만을 보고 분수인지 아닌지 그 여부를 알 수 있다. 그러므로 분수는 특정한 상황을 수로 나타내는 표현양식, 즉 특수한 기호로서의 숫자이다. '분모와 분자가 정수인 분수로 나타낼 수 있다'는 유리수의 정의를 다시 떠올려 보라. 숫자 형태인 분수라는 기호를 이용하여 유리수를 말할 수 있다는 것이다.

다시 말하면, 유리수가 되는 조건은 모양이 아니라 그 수의 값이다. 즉, 그 값이 3 : 4 같은 두 정수의 비 또는 $\frac{3}{4}$과 같은 분수의 형태로 나타낼 수 있는지 여부에 따라 유리수인지 판단한다. 반면에 분수가 되기 위한 조건은 그 수의 값이 아니다. 겉으로 드러난 모양만으로 분수인지 아닌지 결정된다.

$\frac{\sqrt{2}}{-3}$와 $\frac{\pi}{2}$, 그리고 $\frac{1}{x+3}$, $\frac{\sin 45°}{2}$가 모두 분수인 이유는 모양 때문이다. 하나의 선이 그어져 있고 그 위에 분모와 분자에 해당하는 어떤 수량이 있기 때문이다. 물론 이들은 결코 유리수가 아니다.

그렇다면 $\frac{2}{3}$와 $\frac{4}{6}$는 같은 분수인가, 다른 분수인가? $\frac{2}{3}$와 $\frac{4}{6}$가 같은 값을 갖는 것은 틀림없다. 하지만 같은 분수는 아니다. 분자와 분모가 다르기 때문이다. 그러니 이들은 각기 서로 다른 분수로 구별되어야 한다. 단지 그 값이 같을 뿐이다. 다시 한 번 강조하거니와 분수란 수량을 나타내는 독특한 기호라는 사실을 기억하자. 0.233, -12, $\sin 30°$는 모두 분수로 나타낼 수 있는 유리수이지만, 그 형태 때문에 분수라고 할 수 없다. 그러므로 분수와 유리수는 서로 다른 것으로 구별되어야 마땅하다.

유리수까지
수의 세계를 확장하다

히파수스의 죽음을 초래한 것은 그가 무리수를 발견했기 때문이다. 무리수는 유리수가 아닌 수이다. 유리수는 분모와 분자가 정수(이 경우에는 자연수)인 분수로 나타낼 수 있는 수를 말한다. 피타고라스학파는 그렇지 않은 무리수를 배격했다. 유리수에만 집착하였던 것이다. 앞에서 유리수가 무엇인지 그리고 분수와는 어떤 차이가 있는지 비교적 상세하게 살펴보았다. 그 이유는 피타고라스학파를 좀 더 잘 이해하기 위해서이다. 하지만 유리수의 정의를 제시하였다고 하여 그 본질이 규명된 것은 아니다. '분모와 분자가 정수인 분수로 나타낼 수 있다'는 정의를 암기하고 있다고 하여 유리수를 이해한다고 말할 수 없는 것과 같은 맥락이다. 그 정의가 도대체 무엇을 뜻하는지 진정한 의미를 밝혀야 한다. 그래야만 피타고라스학파가 왜 그토록 유리수에 집작했는지 그 까닭을 제대로 이해할 수 있다.

먼저 유리수를 '수 체계'라는 관점에서 살펴보자. 수 전체를 들여다보자는 것이다. 우리가 이 세상에서 맨 처음에 접하는 수는 자연수natural number이다. '코는 하나요, 눈은 둘이요' 하는 식으로 배우는 수의 세계다. 자연수에 0을 덧붙인 {0, 1, 2, 3, 4 ⋯ } 집합은 whole numbers라고 한다. 간혹 범자연수라는 용어로 번역되는 것을 볼 수 있다. 번역된 용어도 그리 깔끔하거나 개운치 못한데다, 잘 사용하지 않는 별반 중요하지 않은 개념이다.

자연수를 배우다가 학년이 올라가면 분수라는 새로운 수를 접하게 된다. 앞에서도 언급했듯이, 전체와 부분의 관계를 나타내는 형태의 숫자로 도입된 것이다. 자연수만으로 측정하기 어려운 양을 표기하기 위한 것이다. 따라서 분모와 분자의 관계를 배우고, 그 후에는 덧셈, 뺄셈, 곱셈, 나눗셈이라는 사칙연산에 중점을 둔다.

중학교에서는 이전까지 배운 수들을 모두 유리수의 범주에 포함하여 하나의 수 체계로 다룬다. 이때 자연수 1, 2, 3 ⋯ 각각의 짝으로 -1, -2, -3 … 이라는 음의 정수가 함께 도입된다. 이로써 영어로 integers라고 하는 정수의 집합이 완성되었다.

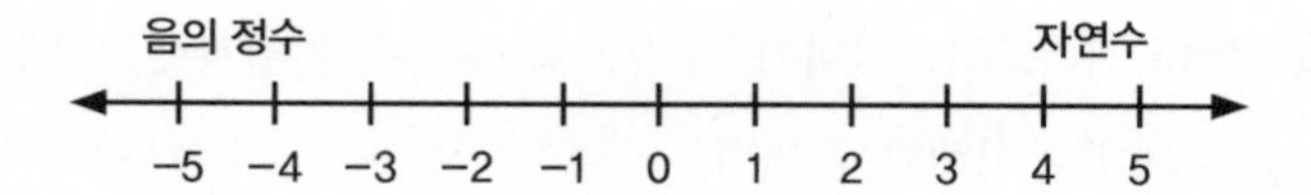

추상적인 수를 한눈에 파악할 수 있는 방안이 있다. 그림과 같은 수직선(수:직선)이다. 발음에 주의해야 하는데, 수를 길게 발음해야 한다. 짧게 발음하면 직각으로 놓인 선을 가리킨다. 길고 짧은 발음에 따라 의미가 달라지는 것은 우리말도 마찬가지다. 이 수직선 위에는 현재 정수만 표기되어 있다. 직선 전체가 휑하니 텅 비어 보일 수밖에. 이제부터 그 빈틈을 유리수로 채워갈 것이다. 지금과 같이 수직선 위에 자연수를 먼저 배치하고, 그 다음에 정수, 더 나아가 유리수로 차례차례 채워갈 것이다. 이처럼 수의 세계를 점진적으로 확장하며 하나의 체계를 완성해 가보자. 이 과정은 연산과도 매우 밀접한 관련이 있다.

예를 들어, 자연수끼리의 덧셈 결과는 자연수 그대로이지만, 자연수끼리의 뺄셈은 그렇지 않다. 뺄셈 2-5의 결과는 자연수가 아니다. 또 다른 음의 정수가 필요하다. 그러므로 '닫힘'이라는 용어를 사용하여 다음과 같이 말할 수 있다.

'자연수의 집합은 덧셈에 관해서는 닫혀 있지만, 뺄셈에 관

해서는 닫혀 있지 않다.'

물론 수의 세계를 정수의 세계까지 확장하면 뺄셈에 관해서도 닫혀 있게 된다. 이처럼 연산과의 관련성 때문이라도 수의 세계는 확장될 필요가 있다.

한편, 자연수끼리 그리고 정수끼리의 곱셈 결과는 각각 자연수와 정수이므로 곱셈에 관해 닫혀 있다. 하지만 나눗셈은 그렇지 못하다. 예를 들어 자연수(또는 정수) 3을 2로 나눈 결과는 자연수(그리고 정수)가 아니다. 이때 수의 세계를 유리수까지 확장하면 나눗셈의 경우도 닫힘이라는 성질을 그대로 보존할 수 있다.

이렇듯 사칙연산에 관한 닫힘이라는 성질을 보존하기 위해 수의 세계를 확장해가면서 수 체계를 완성해갈 수 있다.

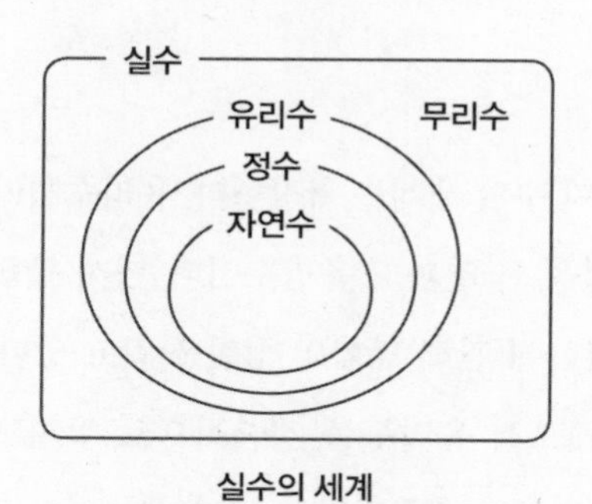

실수의 세계

유리수의 본질 : 공통 단위가 존재한다

유리수까지 수의 세계를 확장했다. 유리수끼리 덧셈과 곱셈, 뺄셈과 나눗셈을 한 결과도 유리수이다. 다시 말하면, 유리수의 집합은 사칙연산에 관해 닫힘의 성질을 갖고 있다. 지금부터 확장된 수의 세계로서 유리수를 집중적으로 살펴보자. 유리수는 영어로 rational number를 번역한 용어이다. 영어 단어인 rational은 합리적 또는 이성적이라는 뜻으로 사용된다. 그러니 영어권 사람들은 유리수를 대할 때 합리적인 수 또는 이성적인 수라는 이미지를 갖는 것 같다. 대조적으로 무리수는 irrational number

라고 하니까, 정반대의 이미지를 보인다. 그래서 영어권에서는 유리수와 무리수를 가리키는 수학 용어가 종종 개념을 파악하고 이해하는 데 걸림돌이 된다는 불평을 제기하기도 한다. 물론 우리가 유리수와 무리수라는 용어를 사용할 때 합리적이라거나 비이성적이라는 의미와 연계할 여지는 거의 없다. 그렇다고 하여 한자어 유리有理 또는 무리無理라는 낱말의 의미가 쉽게 파악되는 것은 아니다.

사실 영어의 rational number에 사용된 rational은 이성적이라는 형용사가 아니다. 3:5와 같은 비比를 뜻하는 ratio라는 말에서 파생된 낱말이다. '이성적' '합리적'이라는 뜻과는 전혀 관련이 없으니, 동음이어 때문에 나타난 착각에 불과하다.

한자어 유리수有理數의 '리'理도 다르지 않다. 영어의 ratio를 번역한 단어이다. 따라서 유리수란 글자 그대로 비가 존재하는 수를 가리킨다. 유리수의 수학적 정의인 '비로 나타낼 수 있는 수'와 일치한다. 물론 이때의 비는 그냥 비가 아니다. 두 정수의 비를 말한다는 조건이 들어 있다.

따라서 유리수를 판별하는 기준은 간단하다. 두 정수의 나눗셈, 예를 들어 3÷4와 같이 정수끼리의 나눗셈이 되거나 또는 $\frac{3}{4}$과 같이 분모와 분자가 정수인 분수, 또는 3:4와 같은 정수끼리의 비로 나타낼 수 있다는 것이다.

이제 우리는 다음과 같은 의문을 제기하게 된다.

유리수라는 조건, 즉 '정수의 비로 나타낼 수 있다'는 조건은 왜 중요한가?

그리고 그 조건은 수학적으로 어떤 의미를 갖는가?

이 질문은 히파수스의 죽음과 직결되기 때문에 매우 중요하다. $\sqrt{2}$ 가 무리수, 즉 '유리수가 아니다'라는 주장은 '정수(자연수)의 비로 나타낼 수 없는 수'의 존재를 말한 것이다. 한 사람의 목숨까지 걸고 내세운 주장이기에 '정수의 비로 나타낼 수 있다는 것'의 수학적 의미를 규명해보자.

$\frac{3}{4}$ 이라는 유리수를 예로 들어보자. 그 의미를 설명하기 위해 다음과 같이 두 직선의 길이를 비교하는 상황을 가정한다.

(1)

(2)

위 두 직선의 길이는 각각 6cm와 8cm이다. 두 직선의 길이의 비, 즉 직선 (2)에 대한 직선 (1)의 길이의 비는 3 : 4 그리고 그 비의 값은 $\frac{3}{4}$ 이라는 분수로 나타낼 수 있다.

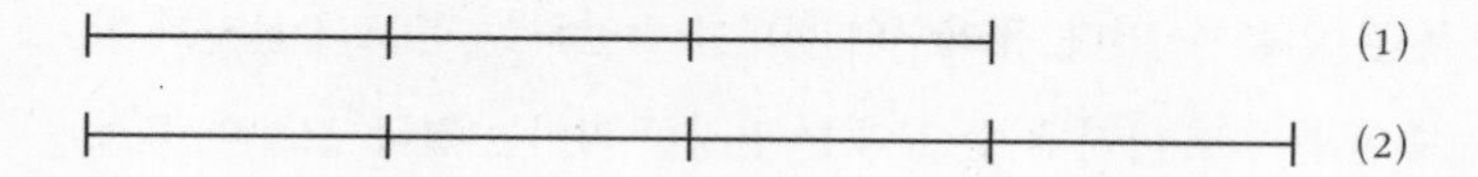

이때의 3:4 또는 $\frac{3}{4}$은 그림에서와 같이 2cm 길이의 선분을 하나의 단위로 설정하였을 때를 전제로 한 것이다. 만일 1cm 길이의 선분을 단위로 설정하면 그 비의 값은 6:8과 같은 비 또는 $\frac{6}{8}$과 같은 분수로 나타낼 수 있다. 물론 이 값도 결국 유리수 $\frac{3}{4}$과 다르지 않다.

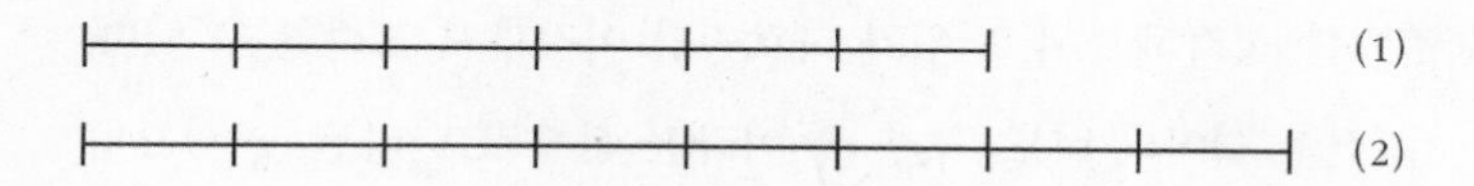

물론 단위 길이를 얼마든지 다른 값으로 설정할 수 있다. 예를 들어 0.5cm를 단위 길이로 하면 두 선분의 길이의 비는 $\frac{12}{16}$라는 유리수로 나타낼 수 있다. 물론 비의 값은 $\frac{3}{4}$과 다르지 않지만.

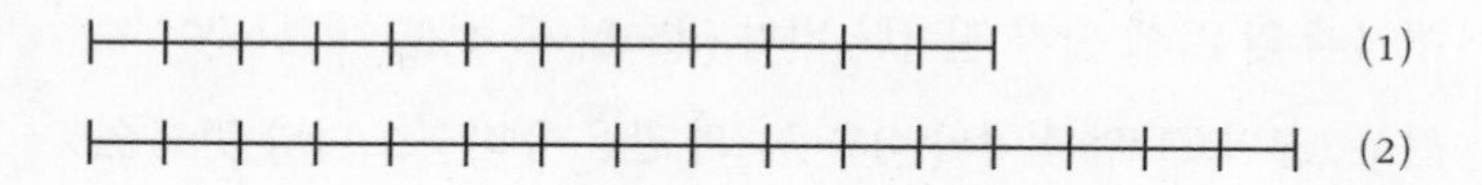

자, 그렇다면 지금까지 살펴본 다양한 시도를 통해 이런 결

론을 얻을 수 있다. 유리수의 정의를 규정하는 '분모와 분자가 정수인 분수로 나타낼 수 있다'는 진정한 의미는 결국 '모종의 공통 단위가 설정될 수 있다'는 것을 말하고, 그 단위의 몇 배인가를 정수의 비로 나타낼 수 있다는 것이다. 예를 들어 $\frac{3}{4}$과 같은 분수로 나타낼 수 있는 것은 분모와 분자에 공통 단위가 존재하여 그 비가 3:4, 6:8 또는 12:16 … 등의 정수 비로 환원될 수 있다는 것이다.

이 내용은 매우 중요한 수학적 의미를 가지므로, 좀 더 상세하게 살펴보자. 이번에는 길이가 0.31cm와 1.5m라는 두 선분의 길이를 생각해보자. 단위가 다르지만 이것까지 고려할 수 있다. 두 선분 길이의 비도 $\frac{31}{15000}$이라는 분수로 나타낼 수 있으니 당연히 유리수이다. 그렇다면 이때의 단위 길이는 얼마인가? 그렇다. 0.01cm(또는 0.0001m나 0.1mm)가 되므로, 어쨌든 두 길이를 비교할 수 있는 공통 단위가 존재한다.

그렇다면 공통 단위를 제3의 선분이 아니라 두 선분 가운데 하나로 선택할 수는 없을까? 다음과 같이 생각해보자. 길이가 주어지지 않은 채 단지 길이의 비가 정수인 두 선분, 예를 들어 두 선분 AB와 CD의 길이의 비를 3:2와 같은 유리수로 나타낼 수 있다고 하자.

$$\frac{AB}{CD} = \frac{3}{2}$$

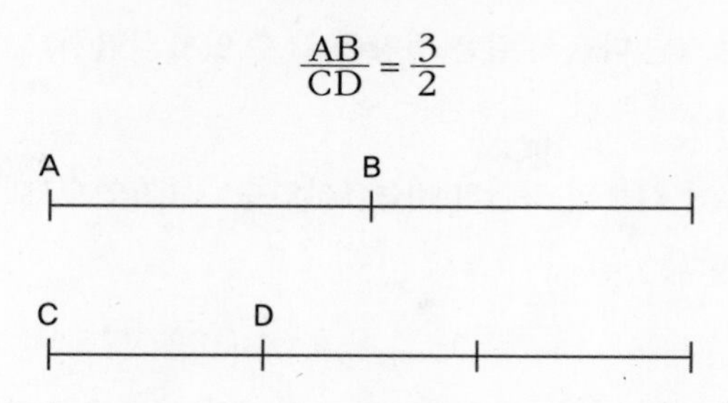

그림과 같이 선분 CD를 3개 이어 붙이면 선분 AB를 2개 이어 붙인 길이와 같게 된다는 것을 알 수 있다. 고대 그리스인들에게 이어 붙인다는 것은 덧셈이라는 연산을 뜻하는 것임을 앞에서 살펴보았다. 따라서 같은 것을 두세 번 이어붙이는 것은 결국 곱셈과 다르지 않다. 그리고 $\frac{3}{2} = \frac{6}{4}$ 이므로 선분 CD를 6개 이어 붙이면 선분 AB를 4개 이어 붙인 길이와 같게 된다. 이런 방식으로 주어진 두 선분 각각을 정수 배하여 길이를 같게 만들 수 있다.

이를 다음과 같이 일반화할 수 있다.

만일 두 선분 AB와 CD의 길이의 비가 $\frac{p}{q}$, 즉 다음과 같이 유리수로 나타낼 수 있다고 하자.

$$\frac{AB}{CD} = \frac{q}{p} \quad \text{(p,q는 자연수)}$$

앞에서 보았듯이 CD라는 선분을 q개 이어 붙이고 선분 AB를 p개 이어 붙이면 같은 길이의 선분을 만들 수 있다.

이쯤 되면 다음과 같은 주장을 할 수 있지 않을까?

모든 선분의 길이의 비는 (자연수) : (자연수)로 나타낼 수 있다.

다름 아닌 피타고라스학파의 주장이다. 이들의 주장에 반론을 제기하기 쉽지 않다. "세상의 만물은 수(자연수)이다"라는 주장에 확신을 더하는 발견을 이룩한 그들이었기에 더욱 그러하다.

음악도
자연수의 비로 나타낼 수 있다

피타고라스학파의 업적을 결코 과소평가할 수는 없다. 그들은 자신의 철학이 옳다는 확증을 소리의 조화에서도 발견하였다. 아름다운 음악도 결국 자연수의 비라는 단순한 관계로 나타낼 수 있다는 확신을 가졌던 것이다. 예를 들어, 현악기의 소리는 그 줄의 길이에 따라 좌우되는데, 조화로운 소리는 그 길이가 서로 몇 대 몇이라는 정수의 비에 의해 생성되는 것을 발견하였다. 한 줄의 길이가 다른 것의 두 배가 될 때 한 옥타브의 음정이 만들어진다. 또 다른 조화로운 소리의 조합은 길이의 비율이 3:2일

때이다. 이때 짧은 현은 긴 현이 내는 음보다 5도 높은 음정을 낼 수 있다. 조화로운 소리를 내는 모든 현의 길이는 이처럼 자연수의 비율로 표현할 수가 있다는 사실을 그들은 발견했다. 그렇게 찾아낸 피타고라스 음계는 오늘날 서양 음악의 초석이 되었다.

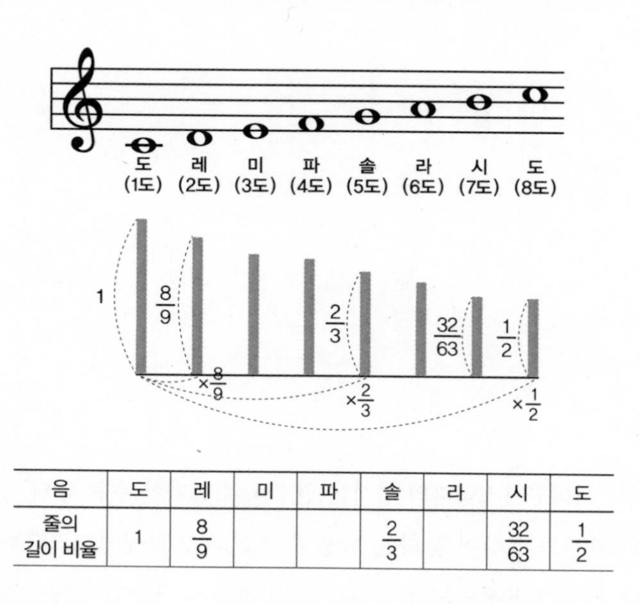

음	도	레	미	파	솔	라	시	도
줄의 길이 비율	1	$\frac{8}{9}$			$\frac{2}{3}$		$\frac{32}{63}$	$\frac{1}{2}$

자연수의 비로 표현되는 피타고라스 음계는 단순히 소리 현상에만 국한된 것이 아니었다. 그들은 대우주의 전체 체계에 숨겨진 이면의 비밀이 소리에 있으며, 따라서 이 또한 자연수의 비로 환원된다는 주장을 펼쳤다. 우주 천체가 회전 궤도를 따라 돌 때 '천체의 화음'이라는 매우 아름다운 음악 소리를 낸다는 것이

다. 천체는 그 안에 거주하는 신들과 함께 중심에 자리한 불 주위를 돌면서 노래를 부르고 춤을 춘다는 황당한 주장으로 이어졌다. 따라서 그들에게 우주는 신이 연주하는 거대한 악기였다. 이런 그들의 주장은 계명 도-시-라-솔-파-미-레-도의 의미 속에 잘 드러나 있다. 이 계명들은 라틴어 구조의 첫 글자에서 딴 것으로 본래의 의미는 다음 표에서 살펴볼 수 있다.

도	DOminus	주	절대자
시	SIder	별	모든 은하
라	LActea	젖	은하수
솔	SOL	태양	태양
파	FAta	운명	행성
미	MIcrocosmos	소우주	지구
레	REgina Coeli	하늘의 여왕	달
도	DOminus	주	절대자

도는 도미누스, 즉 절대자를 뜻하고, 시는 시더, 즉 별을 뜻한다. 솔은 태양을 말한다. 이렇듯 우주의 화음조차 자연수의 비로 나타낼 수가 있다고 보았으니, 삼라만상의 모든 것이 수학적 조화에 의해 지배되고 따라서 만물의 근원은 수라는 그들의 확신은 충분한 근거를 가지고 있었다. 물론 그 수는 자연수를 말한다. 유리수 또한 자연수의 비로 나타낼 수 있으니 말이다.

그들은 음악에서의 아름다움만이 아니라 시각적인 아름다움 또한 자연수의 비로 환원된다는 사실을 발견하였다. 예를 들어 정오각형 모양의 별에서 발견되는 소위 황금비가 그것이다. 정오각형의 각 꼭짓점을 대각선으로 연결하여 내부에 별 모양을 만들 수 있다. 이 별의 내부에는 또 다른 정오각형이 만들어진다. 이때 정오각형 내부의 대각선이 교차하는 각 대각선에는 그림에서와 같이 약 5:8 이라는 비율의 분할이 나타난다. 황금비 개념의 시초를 발견한 것이다.

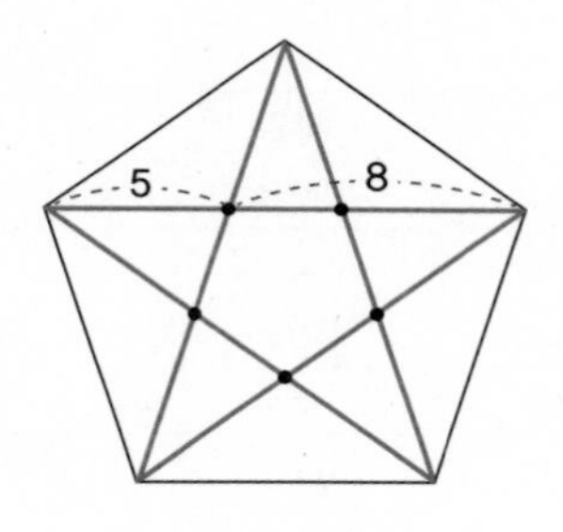

정오각형 내부에 들어 있는 이 별 모양은 피타고라스학파의 신도임을 상징하는 일종의 징표로 사용되었다. 서로 형제라 칭하며 끈끈한 결속을 다졌던 이들은 자신의 집 밖에 이 별 모양을 내걸어 신도들끼리 서로를 알아볼 수 있도록 하였다. 그래서 만일 누군가 타지로 먼 길을 떠났다 하더라도 별 모양의 표식을 보고 형제의 집을 찾아 숙식을 해결할 수 있었다고 하니, 피타고라스학파의 내부 결속력이 얼마나 끈끈하였는지를 충분히 짐작할 수 있는 대목이다. 하지만 그들의 결속력은 오히려 학문의 발전을 저해하는 부작용도 낳았다.

직선 위 점의 개수를 세어본다

수학적 의미에서 수직선을 다시 한 번 생각해보자. 직선 위의 점들은 자연수, 0, 음의 정수 또는 유리수(분수)로 그 위치를 나타낼 수가 있다. 그러니까 하나의 점이 주어지면 그에 따라 오직 하나의 수가 결정된다. 역으로 하나의 수가 주어지면 이에 대응하는 단 하나의 점이 수직선 위에 존재한다. 이러한 관계를 수학적으로 다음과 같이 기술할 수 있다.

'수직선 위의 점들의 집합과 수 집합은 일대일 대응 관계

가 성립한다.'

피타고라스학파는 이미 이 사실을 이해하고 적용했다. 여러 번 언급했듯이, 그들은 수(물론 자연수)가 우주의 여러 형태와 현상의 기초이자 본질이며, 이를 규율하는 최고의 으뜸 존재라고 규정했다. 그들의 관점은 기하학 분야에도 그대로 반영된다.

'점은 위치를 점하고 있는 기본 개체이다.'

좀 어렵게 표현되었지만, 사실 이 명제는 점에 대한 그들의 관점이 매우 소박하다는 것을 보여준다. 우리가 학교에서 배운 점의 개념과는 다르다. 우리가 알고 있는 점은, 유클리드 방식에 따른 것으로 크기가 없기 때문이다. 하지만 피타고라스학파의 점에 대한 개념이 감각적으로 볼 때 이해하기 더 쉽다. 직선 위에 놓여 있는 점들을 '위치를 점하고 있는 기본 개체'로 보자는 것은, 마치 목걸이에 달려 있는 구슬과 같은 것으로 보는 것이다. 그러므로 직선 위의 점들도 목걸이의 구슬처럼 일일이 셀 수가 있다. 그렇다면 자연수의 체계를 적용할 수 있다는 해석이 가능하니, 점에 대한 그들의 관점이 매우 소박하다는 것을 알 수 있다. 사실 우리의 감각도 '크기가 없는 점'과 같은 유클리드의 기하학보다는 피타고라스학파의 관점에 더 익숙해 있다. 그들은 모든 현상을 자연수의 비로 나타낼 수 있다는 자신들의 주장이 기하학에서도 그대로 실현된다는 강력한 확신을 갖고 있었다.

따라서 그들은 수직선 위에 놓여 있는 각각의 점들이 모두 동일하며 하나의 단위로 사용될 수 있다고 생각했다. 두 선분의 길이의 비는 자연스럽게 그 선분을 구성하는 점의 개수의 비와 같다고 여겼고, 당연히 자연수의 비로 나타낼 수 있다고 생각한 것이다. 물론 자연수가 아닌 유리수도 있다. 하지만 유리수의 정의를 생각해본다면 별 문제가 되지 않는다.

예를 들어, $\frac{3}{5}$이라는 유리수가 수직선 위에서 어떻게 하나의 점으로 결정되는지 살펴보자. 수직선 위에는 당연히 출발점이 있다. 이를 원점 O라고 정하자. 또 다른 고정된 점이 필요하다. 1을 뜻하는 점 A가 그것이다. 단위 길이가 무엇인지를 나타내는 점이다. 이제 이 두 개의 점만으로 모든 자연수, 모든 정수, 모든 유리수를 나타낼 수가 있다.

우선 자연수 2, 3, 4 … 의 위치는 단위 길이인 OA라는 선분의 길이를 각각 두 배, 세 배, 네 배 … 이어붙여 나타내면 된다. 음의 정수인 -1, -2, -3 … 은 원점 O를 기준으로 각각의 자연수에 대응하여 반대편인 왼쪽으로 연장된 선 위에 나타내는 점으로 정할 수 있다. 마치 자연수들을 원점이라는 거울에 비추었을 때 거울에 나타난 상을 음의 정수로 보는 것이다.

이제 유리수를 나타내는 점은 어떻게 나타낼 수 있는지 알아보자. 유리수 $\frac{3}{4}$을 나타내는 점을 결정하기 위해, 단위 길이인 1을 나타내는 선분을 네 등분하는 점 B를 찾아야 한다. 이때 선분 OB의 길이가 바로 유리수 $\frac{1}{4}$이다. 이제 이를 세 배 확장한 길이를 나타내는 점 C가 유리수 $\frac{3}{4}$에 해당한다. 그러니까 유리수 $\frac{3}{4}$은 먼저 분자가 1인 단위분수 $\frac{1}{4}$의 위치를 결정한 후에 분자인 3에 해당하는 양만큼 길이를 확장하여 그 점의 위치를 결정하면 된다.

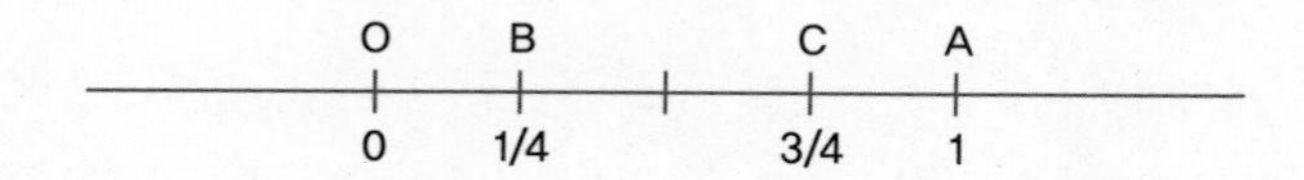

물론 다른 여러 가지 방법을 적용할 수도 있지만, 어쨌든 이와 같은 방식으로 모든 유리수를 수직선 위의 하나의 점으로 환원할 수 있다. 수직선 모델이 수를 파악하기 위해 얼마나 유용한 도구인지 충분히 이해할 수 있을 것이다. 분모와 분자가 정수인 분수로 나타낼 수 있는 유리수 $\frac{b}{a}$는 결국 하나의 공통된 단위가 설정되어 분자와 분모는 각각 그 단위의 b배와 a배가 된다는 사실을 수직선 위에서도 확인할 수 있었다. 그리고 그 출발점은 자연수였다.

이제는 '만물이 수'라는 피타고라스학파의 주장이 스스로의 삶을 규정하는 일종의 종교적 신념이 되었다는 사실에 이의가 없을 것 같다. 세상의 모든 것을 수로 환원하는 그들의 시도는, 급기야 세상에 존재하는 모든 소리마저 수로 나타낼 수 있다는 주장으로까지 나아갔으니 말이다. 그들의 주장은 확신으로 그리고 믿음으로 이어졌다. 멀리 떨어진 지구 밖 광대한 우주 천체의 움직임에서부터 일상생활에서 접하는 작은 소리까지 수로 나타낼 수 있다는 그들의 믿음은 결코 허황된 것이 아니었다. 3:2와 같은 매우 단순한 자연수의 비로 삼라만상의 모든 것을 나타낼 수 있다는 사실에 그들은 경이로움을 느끼고, 그 아름다움에 전율하였던 것이다.

낙원에서 추방된 피타고라스

유리수, 특히 자연수에 대한 그들의 믿음은 당연히 기하학으로 이어졌다. 그러므로 기하학 도형 가운데 가장 단순한 도형, 즉 삼각형에도 자신들의 신념이 그대로 적용될 것이라는 믿음에 의심을 품는 사람은 당연히 없었다.

직각삼각형에서 세 변의 비가 3:4:5라는 사실은 피타고라스의 정리로 잘 알려져 있다. 하지만 피타고라스가 이를 발견한 것은 아니다. 더 오랜 시대인 고대 이집트와 바빌로니아에서 사용한 흔적이 남아 있다. 따라서 그 지역과의 교류를 통해 도입하였음이 틀림없다. 그들은 더 나아가 세 변의 비가 5:12:13, 그리고 8:15:17인 삼각형 같은 피타고라스 정리가 적용되는 다양한 직각삼각형도 발견하였다. 따라서 피타고라스 이름이 들어가더라도 문제될 것은 없겠다. 더욱이 이러한 발견은 모든 삼각형에 들어 있는 세 변의 비도 자연수의 비로 나타낼 수 있다는 그들 스스로의 확신을 더욱 공고히 하는 증거가 되었다.

오늘날 우리에게는 직각삼각형 세 변 사이의 관계를 나타내는 $a^2+b^2=c^2$이라는 '피타고라스의 정리' 등식이 가장 잘 알려져 있다. 하지만 당시 피타고라스학파에게는 삼각형의 세 변의 비는 모두 자연수로 나타낼 수 있다는 사실이 더 중요한 명제였다. '삼라만상의 우주를 규율하고 통제하는 것은 수'라는 자신들의 철학을 입증하는 증거를 기하학에서도 확인할 수 있었기 때문이다.

하지만 확신에 찬 그들의 믿음은 그리 오래 갈 수 없었다. 철석같이 굳게 믿었던 도끼에 자신의 발등을 찍히는 사태가 벌어진 것이다.

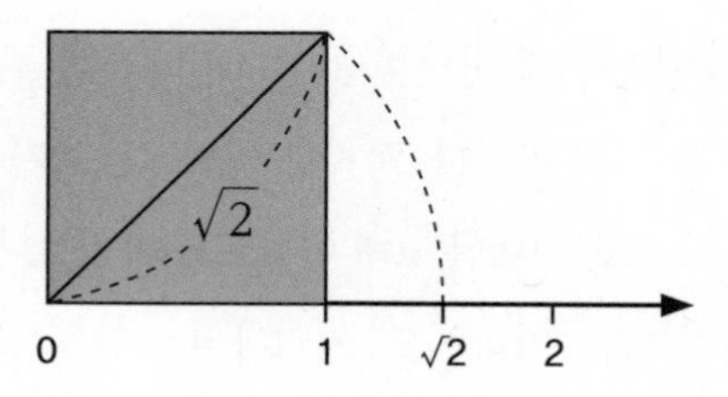

한 변의 길이가 1인 정사각형의 대각선의 길이를 다시 한 번 생각해보자. 이미 앞에서 이 대각선의 길이가 $\sqrt{2}$ 라는 사실을 정사각형 넓이 구하기를 통해 확인하였다.

이번에는 유명한 피타고라스 정리를 적용하여 그 길이를 구해보자.

일단 대각선의 길이를 x라 하면 피타고라스 정리에 의해 다음 식이 성립한다.

$$x^2 = 1^2 + 1^2 = 2$$

한 변의 길이가 1인 정사각형의 대각선의 길이는 제곱하면 2가 되는 수이다. 우리는 이를 $x=\sqrt{2}$ 라고 표기했다. 그런데 문제는 이 $\sqrt{2}$ 가 피타고라스학파가 그렇게 믿고 있던 유리수가 아니라는 사실이 밝혀진 것이다. 이제 그 이유를 밝혀보자. 즙 $\sqrt{2}$ 가 무리수임을 증명해보자.

$x=\sqrt{2}$ 라는 수가 유리수라고 하자. (1)

유리수의 정의에 의해 다음과 같이 자연수의 비로 나타낼 수가 있다.

$x=\dfrac{q}{p}$ (p, q는 서로 소인 자연수) (2)

위의 식을 정리하면 다음을 얻는다.

$px = q$

$p^2x^2 = q^2 \Rightarrow 2p^2 = q^2$ ($x^2 = 2$이므로) (3)

따라서 q^2은 2의 배수, 즉 짝수이다. (4)

따라서 q는 짝수이고 $q = 2k$(k는 자연수)라 표기할 수 있다. (5)

앞의 식에 이를 대입하여 정리하면 다음과 같다. (6)

$2p^2 = q^2 = (2k)^2 = 4k^2$

$p^2 = 2k^2$

그렇다면 p^2도 짝수이고, 따라서 p도 짝수이다. (7)

하지만 이는 'p, q는 서로 소'라는 조건에 모순이다. (8)

그러므로 $x = \sqrt{2}$는 유리수가 아니라 무리수이다. (9)

우리는 앞에서 귀류법이라는 증명법을 경험한 바 있다. 귀류법을 여기서도 그대로 적용하자.

(1) 우선 증명하고자 하는 결론을 부정하며 증명을 시작했다. 제곱하여 2가 되는 수인 $x = \sqrt{2}$라는 수를 일단 유리수라고 가정하면서 증명을 시작한다.

(2) 그 다음에 유리수의 정의를 그대로 적용하자. 이때 '서로

소'라는 조건에 주목해야만 한다. '서로 소'는 더 이상 약분이 가능하지 않은 자연수를 선택했다는 뜻이다. 예를 들어, $\frac{18}{30}$ 이나 $\frac{6}{10}$ 과 같은 분수는 약분을 하여 최종적으로 $\frac{3}{5}$ 이라는 분수로 나타낼 수가 있다. 사실 어떤 분수든 더 이상 약분이 안되는 기약분수로 나타낼 수 있으니 그렇게 하자는 것이다. 이 조건은 증명의 최종 단계에서 매우 중요한 역할을 담당한다.

(3) 이제 이 식에 분모인 q를 양변에 곱하고 이어서 양변을 제곱한다. 그리고 원래의 $x^2=2$라는 조건을 적용하여 최종적으로 다음 식을 얻는다.

$2p^2 = q^2$

(4) 정리된 식 $2p^2 = q^2$을 잘 관찰하여 어떤 결론을 이끌어낸다. 어떤 수에(물론 여기서는 p^2이지만) 2를 곱했다는 것은, 즉 $2p^2$은 2의 배수라는 뜻이고, 따라서 q^2은 짝수라는 의미다.

(5) 하지만 'q^2이 짝수'라고 하여 곧 이어서 'q도 짝수'라는 결론을 쉽게 내릴 수는 없다. 실제로 여기에는 나타나지 않았지만 다음과 같은 추론을 해야만 한다.

즉, 만일 q가 홀수라 하자. 이때 제곱한 q^2도 홀수가 된다. 어떤 수이든 짝수 아니면 홀수이므로 선택의 여지는 없다. 홀수를 제곱해서 짝수가 나올 수 없기 때문에, 'q^2

이 짝수'이면, 'q도 짝수'라는 결론을 얻는다.

이와 같은 추론을 해야만 하는 것이다. 하지만 이 증명까지 포함시키면 너무 길어져서 편의상 생략했다.

(6) 이제 q는 짝수라는 사실을 그대로 적용한다. 즉 $q=2k$(k는 자연수)라 표기하고 다시 그 식을 정리하여 다음과 같은 식을 얻는다.

$p^2=2k^2$

(7) 이제 p^2에 대하여 앞에서와 같은 추론에 의해 p도 짝수라는 결론을 얻게 되었다.

(8) 지금까지의 추론과정에서 얻은 결론을 재검토할 때가 되었다. p와 q, 두 수 모두가 짝수라는 사실이 밝혀진 것이다. 이상하지 않은가? 앞에서 $\frac{q}{p}$는 더 이상 약분이 불가능하다고 하였다. 서로 소인 분모와 분자를 선택하였으니까. 그런데 지금 우리가 얻은 결론은 두 수가 모두 짝수라는 사실, 그래서 2라는 공통의 약수를 가지므로 또 한 번 약분이 가능하다는 결론을 얻었다. 도대체 어째서 이런 말도 안되는 일이 일어났을까? 주어진 전제로부터 열심히 그리고 성실하게 추론을 거듭하였지만 결국 우리는 이렇게 모순에 부딪혔다. 도대체 왜 이런 사태가 발생했을까? 지금까지의 추론 과정에 어떤 잘못도 없는데. 그렇다면 다시 처음으로 돌아가서 살펴보아야 한다.

처음 출발점은 $x=\frac{q}{p}$ (p, q는 서로 소인 자연수)라는 설정이었다. 지금까지의 추론과정에서 어떤 비약이나 오류도 없었다. 모든 것이 순조로이 전개되었으니까. 그럼에도 모순되는 결과를 얻었다면? 그렇다. 지금 우리가 의심해야 할 곳은 오직 한 곳밖에 없다. 첫 번째 단계인 $x=\frac{q}{p}$라는 전제가 그것이다. 그 이외에는 더 이상 의심할 곳이 없다. 따라서 우리는 눈물을 머금고 이 전제를 기각하는 수밖에 없다. 즉 제곱하여 2가 되는 수는 더 이상 자연수의 비로 나타낼 수 없다는 것, 다시 말하면 유리수가 아니라는 결론을 내릴 수밖에 없다. 그렇다면 우리는 이 수를 무리수라고 해야만 한다. 즉, $\sqrt{2}$는 유리수가 아니고 무리수라는 결론을 얻은 것이다.

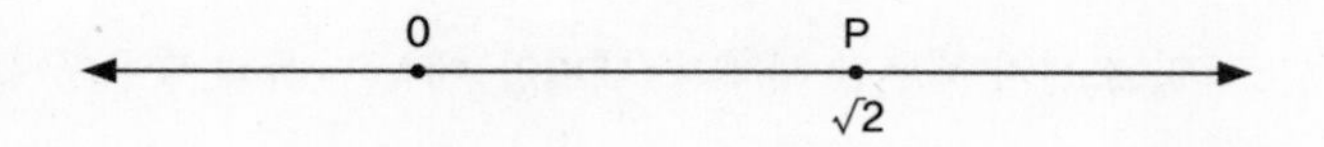

그림에서 보듯이 수직선 위의 점 P는 유리수, 즉 자연수의 비로 나타낼 수가 없게 되었다. 그렇다면 수직선 위에는 유리수만 있는 것이 아님이 드러난 것이다. 점 P와 같이 유리수가 아닌 무리수를 나타내는 점들이 무수히 많으며, 따라서 수직선 위에 수많은 틈이 나 있으니 수직선은 유리수만으로 연결될 수 없다는 결론에 이르렀다. 유리수만으로는 하나의 직선이나 하나의 선분조차 제대로 그리는 것이 불가능하다. 결국 '만물이 수'라는 피타고라스학파의 주장은 거짓으로 판명되었다.

유리수가 아닌 새로운 무리수의 출현으로 피타고라스학파는 무척이나 당황스러운 상황에 놓이게 되었다. 그들은 자신들의 주장이 와그르르 한 순간에 무너지는 것을 깨달았다. 어쩌면 지구가 평평하다고 철석같이 믿고 있다가 둥글다는 사실이 밝혀졌을 때보다 더 큰 충격을 받았을지도 모른다. 자신의 어머니와 결혼까지 감행하며 왕위에 오른 작은아버지가 아버지를 독살한 살인범이라는 사실을 알고 좌절과 분노에 휩싸이는 햄릿보다도 더 참담한 심정이었을 것이다. 그럼에도 그들은 새로이 발견된 무리수를 수라고 인정조차 하지 않았다. 그들은 자연수와 자연수의 비로 나타낼 수 있는 유리수라는 세계에 갇혀 더 이상 다른 세계를 보려고 하지 않았다.

독일 소설가 헤르만 헤세의 《데미안》에는 다음과 같은 구절이 있다.

> 새는 알을 깨고 나온다.
> 알은 곧 세계이다.
> 태어나려고 하는 자는
> 하나의 세계를 파괴하지 않으면 안된다.

피타고라스학파는 자신들을 가두어놓은 유리수라는 세계를 파괴해야만 무리수의 세계, 더 나아가 실수의 세계로 나아갈 수 있었다. 하지만 그들은 알을 깨고 나오는 대신에 그 알 속에 묻혀 있기를 선택하였다. 그들은 알로곤Alogon, 즉 '입 밖으로 낼 수 없는 것'이라고 부르며 묻어두기로 하였다. 그리고 구성원들에게 알로곤의 존재를 외부에 알리지 않겠다는 서약을 강요했다. 위대한 지도자의 작품에서 설명하기 불가능한 흠집이 발견되었음에도 불구하고, 그의 분노를 사지 않으려면 비밀로 해두어야 한다고 생각했나 보다.

후세의 철학자 프로클로스는 이렇게 말했다.

> 무리수를 바깥에 알리는 사람은 난파를 당해 죽을 것이라고 했다. 입 밖으로 낼 수 없는 것과 형상이 없는 것은 마땅히 감추어 두어야 했다. 장막을 걷어내고 생명의 모상에 손을 대는 자는 그 즉시 사망에 이르며 영원한 파도에 끝없이 떠다니는 신세가 된다고 말했다.

히파수스는 그런 독단의 희생자였다. 하지만 그후 백 년도 채 지나지 않아 무리수는 더 이상 비밀이 될 수 없었다. 단치히라는 작가는 '입 밖으로 낼 수 없던 것'이 어느덧 사람들의 입에서 입으로 공공연히 전달되었고, '생각할 수 없던 것'이 말이라는 옷을 걸치고 등장했으며, '드러낼 수 없던 것'이 문외한에게까지 그 모습을 드러냈다고 문학적으로 표현하였다. 이렇듯 인류는 금지된 지혜의 열매를 맛보게 되었고, 그래서 저주를 받아 삼라만상이 수의 지배를 받는다는 피타고라스의 낙원에서 추방되었다.

4. 무리수의 아름다움이 빛을 발하다

A4 용지에서 발견한 무리수

이제 무리수는 더 이상 입 밖으로 낼 수 없거나 생각할 수 없는 수가 아니다. 장막 뒤에 가려져 있을 때의 신비스러움은 사라져버렸지만, 무리수는 자신의 모습을 세상에 마음껏 드러낼 수 있게 되었다. 성급한 사람들은 무리수에 깃들어 있는 아름다움과 우아함이 세상 곳곳에서 빛을 발하게 되었다고도 한다. 그런 표현이 과장되었다고 비난할 수만은 없을 것 같다.

이 책을 집필하는 지금 이 순간에도 책상 위 여기저기서 빤히 나를 쳐다보고 있는 무리수의 시선을 느낄 수 있다. 하얀 A4

용지의 가장자리에서 무리수는 마치 자신의 존재를 알아달라는 듯 줄곧 나를 응시하고 있는 것이다.

A4 용지는 A3 용지를 절반으로 잘라 만든 종이다. A3는 A2를 절반으로, A2는 A1을 절반으로 … 숫자가 하나씩 증가할 때마다 A시리즈 용지의 넓이는 완벽하게 절반으로 줄어든다. A4 용지의 크기는 297mm×210mm이다. 단순히 300mm×200mm라고 정하면 될 것을 왜 이렇게 복잡한 크기로 만들었을까?

A시리즈 용지의 크기는 다음과 같은 두 가지 원칙에 따라 만들어졌다. 우선 어떤 용지이든 가로와 세로 가운데 길이가 긴 변을 이등분한다는 것이 첫 번째 원칙이다. 두 번째 원칙은 모양이 모두 같은 A시리즈 용지에서 직사각형을 이루는 두 변의 길이의 비가 항상 일정해야 한다는 점이다. 수학적으로 표현하면, 이들 직사각형 모두가 닮음 관계에 놓여 있다는 것이다. 그렇다면 닮음비, 즉 항상 일정한 두 변의 길이의 비는 얼마인지 궁금하지 않을 수 없다.

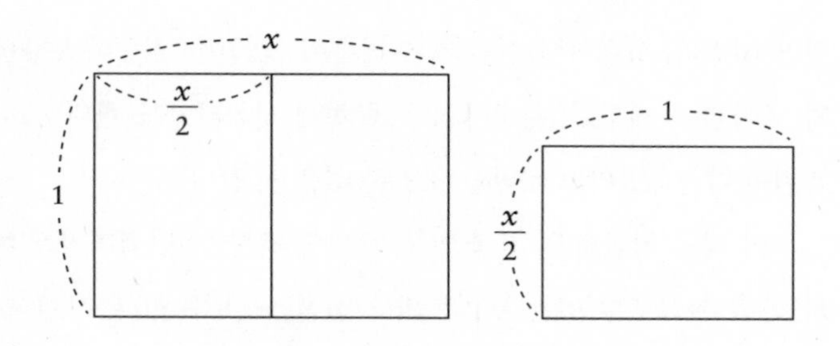

A시리즈 가운데 아무 용지나 하나를 선택하자. 직사각형을 이루고 있는 두 변의 길이의 비를 알아보기 위해 일단 짧은 변과 긴 변의 길이의 비를 $1:x$라 하자. 예를 들어 만일 2:3이라면, $1:\frac{3}{2}$으로 변형할 수 있기 때문이다. 그림에서와 같이 용지를 절반으로 자르면, 똑같은 크기의 새로운 용지 두 장이 만들어진다.

첫 번째 원칙을 적용하면, 원래 용지에서 긴 변의 길이 x를 이등분해야 한다. 새롭게 만들어진 용지에서 두 변의 길이의 비는 $\frac{x}{2}:1$이다. 그림에서 알 수 있듯이 전자($\frac{x}{2}$)는 짧은 변이고, 후자(1)는 긴 변이다. 물론 이때의 1은 원래 용지의 짧은 변의 길이임을 쉽게 확인할 수 있다.

이제 두 번째 원칙을 적용하면, 원래의 용지와 그 절반 크기인 새로운 용지는 서로 닮음 관계에 놓여 있어야 한다. 당연히 대응하는 두 변의 길이의 비가 같다. 따라서 다음 식이 성립한다.

$$1:x=\frac{x}{2}:1 \quad \Rightarrow \quad \frac{x^2}{2}=1 \quad \Rightarrow \quad x^2=2$$

이차방정식의 해를 구하면 $x=\sqrt{2}$이다. 드디어 무리수 $\sqrt{2}$가 나타났다. 이로써 A0, A1, A2, A3, A4 … A시리즈 용지 모두 긴 변의 길이는 짧은 변 길이의 $\sqrt{2}$ 배라는 사실을 알 수 있다.

이 같은 원리를 달리 해석할 수가 있다. 즉, 어떤 정사각형의 하나의 변과 대각선을 각각 한 변으로 하는 새로운 직사각형을 만들면, 그것은 다름 아닌 A시리즈 용지의 모양이 된다.

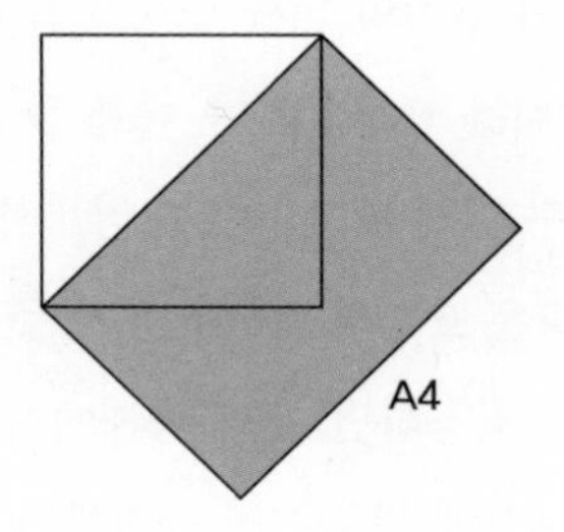

그런데 A4 용지의 크기는 왜 297mm×210mm라는 복잡한 수치를 갖게 되었을까? A4는 A3, A3는 A2, A2는 A1, 그리고 A1은 A0을 절반으로 자른 것이다. 따라서 A0 용지의 크기를 알면 순차적으로 나머지 용지의 크기도 알 수가 있다. A0 용지의 크기는 무엇을 기준으로 어떻게 정한 것일까? 넓이가 기준이었다. 즉, 전체 넓이가 $1m^2$인 직사각형을 A0 용지라고 설정한 것이다. 이를 토대로 직사각형 모양인 A0 용지의 두 변의 길이를 구해보자.

두 변의 비가 $\sqrt{2}:1$이므로 짧은 변의 길이를 x라 할 때 긴 변의 길이는 $\sqrt{2}x$가 된다. 따라서 넓이를 구하기 위해 다음 식을 세울 수 있다.

$$\sqrt{2}\,x^2 = 1m^2 \quad (10000cm^2,\ 1000000mm^2)$$

$\sqrt{2}$의 근삿값을 대입하여 계산기를 몇 번 두드리는 방식으로 방정식을 풀면, $x = 0.841$(mm)이라는 값을 얻는다. 그리고 나머지 한 변의 길이는 이 값에 $\sqrt{2}$배를 하면 얻을 수 있다. 물론 근삿값을 적용해야 한다. 그리하여 A0 용지의 크기는 1189mm×841mm임을 알 수 있다. 이어서 차례로 A시리즈 용지의 크기를 구해 표를 만들어보면 다음과 같다.

A시리즈 용지

용지	크기
A0	1189mm × 841mm
A1	595mm × 841mm
A2	595mm × 421mm
A3	297mm × 421mm
A4	297mm × 210mm

근삿값을 사용했기에 소수 첫째자리에서의 반올림은 피할 수 없다. 어쨌든 이런 과정을 거쳐 A4 용지의 크기는 297mm×210mm라는 수치를 갖게 되었다.

지금까지의 설명은 결국 다음 질문에 대한 답이다.

정확하지도 않고 딱 떨어지지도 않는 복잡한 근삿값까지 사용해야 함에도 불구하고, 가로와 세로의 비를 나타내는 데 굳이 $\sqrt{2}:1$과 같은 무리수를 고집한 이유는 무엇일까?

그것은 전체 넓이가 $1m^2$인 용지에서 크기는 작아지지만 모양이 똑같은 용지를 계속해서 만들어야 했기 때문이다. 이 과정에서 필연적으로 무리수를 활용할 수밖에 없었다.

다음 그림에서 한눈에 보는 A시리즈 용지의 규격은 이렇게 만들어진 것이다.

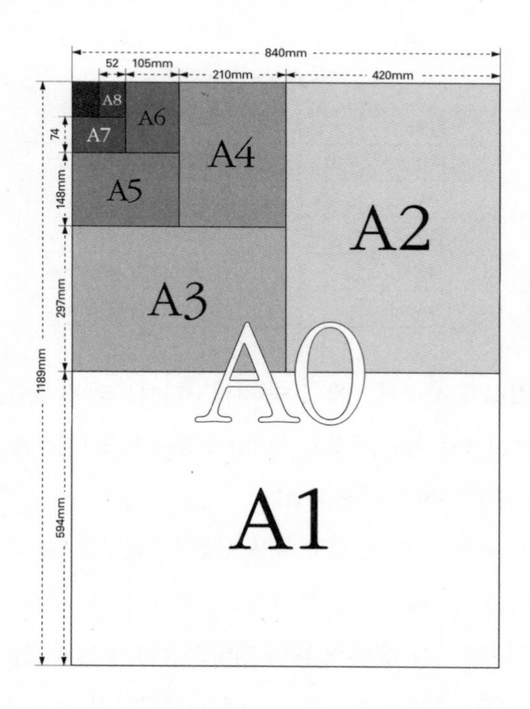

A4 용지 크기 결정이 수학 문제일까

지금까지 무리수 $\sqrt{2}$ 가 실생활에 적용되는 하나의 사례를 살펴보았다. 여기서 그치지 말고 좀 더 논의를 이어가보자. 수학적 문제 해결의 본질이 무엇인지를 엿볼 수 있는 단서가 함축되어 있기 때문이다.

흔히들 수학은 복잡한 수식을 사용하여 문제를 풀이하는 것이라고 여긴다. 대부분의 사람들은 위의 추론과정에서도 비례식과 이차방정식이라는 수식과 풀이에 주목한다. 그리고 방정식의 해를 구하기 때문에 수학 문제라고 간주한다. 하지만 이는 코끼리 코만 만지고 나서 코끼리를 기다란 형상의 동물이라고 말하는 것과 다르지 않다.

A4 용지의 크기를 정하는 상황 자체가 수학 문제로 분류될 수 있는 것은 그 과정에 들어 있는 방정식 풀이 때문이 아니다. 방정식 풀이 이전에 그와 같은 방정식이 왜 필요하고 어떻게 추론되었는가 하는 근본적인 질문 때문이다. 바로 그 과정이 수학 문제의 핵심이자 본질이다. 답이 아니라 질문이 중요하다. 어떤 문제를 수학적으로 해결한다는 것은 바로 그 출발점, 즉 무엇이 문제인지를 정확하게 해야 한다는 의미다.

그렇다면 우리는 위에 제시한 A시리즈 용지의 크기를 결정하는 문제에서 수학 문제의 본질을 어떻게 찾을 수 있을까? 우선 지금 상황에서 해결해야 할 현실적인 문제가 무엇인지를 분명하게 파악하자. 한 문장으로 정리하면 다음과 같다.

> '필요한 규격의 용지를 얻으면서 버리는 종이의 양은 최소한으로 줄인다.'

종이 낭비를 최소화하기 위한 실생활 상황을 수학적으로 변환해야만 비로소 수학문제가 되는 것이다. 이 단계가 문제 해결의 핵심이다. 앞에서 언급한 다음의 두 가지 원칙은 바로 그 때문이다.

(1) 용지를 절반으로 자를 때 가로와 세로 가운데 길이가 긴 변을 이등분한다.

(2) 원래 주어진 용지와 이를 분할하여 만들어지는 규격이 작은 용지는 서로 닮음의 관계에 있다.

첫 번째 원칙은 하나의 용지를 이등분하면 같은 넓이의 작은 용지를 새로 얻을 수 있으므로 낭비를 없앨 수 있다는 사실에서 출발하였다. 단지 그 방안을 수학적으로 해석한 것에 불과하다. 두 번째 원칙은 닮음의 관계를 유지함으로써 위의 그림에서 보듯이 A0라는 원래의 용지 안에서 A1, A2, A3 … 등 원하는 크기의 용지를 계속해서 만들어낼 수 있기 때문이다. 낭비되는 부분을 최소화할 수 있으니 정말 절묘한 발상이 아닐 수 없다. $\sqrt{2}$ 라는 무리수는 이 두 가지 원칙을 수식으로 나타내는 과정에서 자연스럽게 등장한 결과물에 불과하다. 종이 낭비의 최소화라는 현실적 목표를 달성하는 과정에서 우연히 무리수가 필요했을 뿐이다.

이제 다음 단계는 어렵지 않다. 설정된 원칙에 따라 문제 상황을 수식으로 번역하는 과정이 이어진다. 이 수식(방정식)을 정해진 절차에 따라 풀이하면 된다. 그런데 대부분의 사람들은 이 단계만을 수학 문제라고 간주한다. 하지만 지금까지 살펴보았듯이, 위의 문제의 핵심은 두 가지 원칙을 설정하는 단계에 있다. 이어지는 수식 풀이는 부차적일 뿐이다. 두 가지 원칙의 설정이 문제해결의 핵심이기 때문에, 다른 용지 규격을 정할 때에도 똑같은 방식이 적용된다.

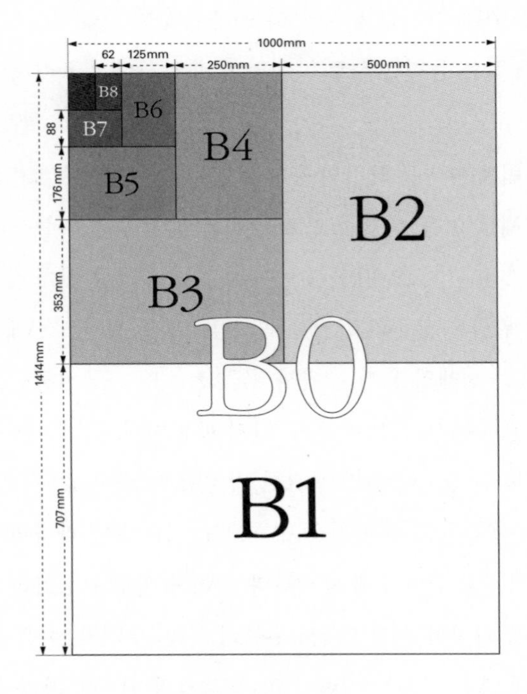

A시리즈 용지와 더불어 널리 사용되는 용지는 B시리즈이다. B시리즈 용지의 규격을 설정하는 원칙도 A시리즈와 다르지 않다. 즉 모든 규격의 용지가 닮음의 관계를 유지해야 하고, 긴 변의 길이를 이등분해 넓이가 절반이 되는 작은 용지를 만든다. 단지 첫 번째 용지 B0의 규격을 A0와 다르게 설정했다는 것에 차이

가 있다. A0용지는 넓이를 $1m^2$로 설정하였지만, B0 용지는 그림에서 보듯이 가로의 길이를 1m(1000mm)로 정하였다. 원칙을 그대로 적용하면 세로의 길이는 필연적으로 가로 길이의 $\sqrt{2}$ 배가 된다. 그리고 B1, B2, B3 …의 한 변은 계속해서 처음 것의 $\frac{1}{2}$ 배가 되어야 한다. 수식으로 전환하면 B시리즈 용지의 크기가 결정된다. 수식을 풀어 확인하는 것은 독자들의 몫으로 미루어 둔다. 백견百見이 불여일행不如一行이니까.

동그라미에 들어 있는 무리수 π

A4, A5나 B4, B5 용지에서 무리수 $\sqrt{2}$ 가 나타난 것은 오직 한 가지 이유 때문이었다. 즉, 종이의 낭비를 없애기 위한 것이다. 이를 위해 A시리즈와 B시리즈 용지 모두 닮음의 관계를 유지해야 한다는 수학적 해석이 요구되었던 것을 잊지 말자. 이 닮음의 관계는 기하학 도형 사이에서 자주 접하게 된다. 그 중에서도 원이라는 기하학 도형은 크기에 관계없이 모두가 닮음 관계에 있다.

초등학교 수학에서 배운 원둘레 길이 구하는 공식과 원 넓이 구하는 공식을 잠시 떠올리면, 특이한 숫자를 발견할 수 있다.

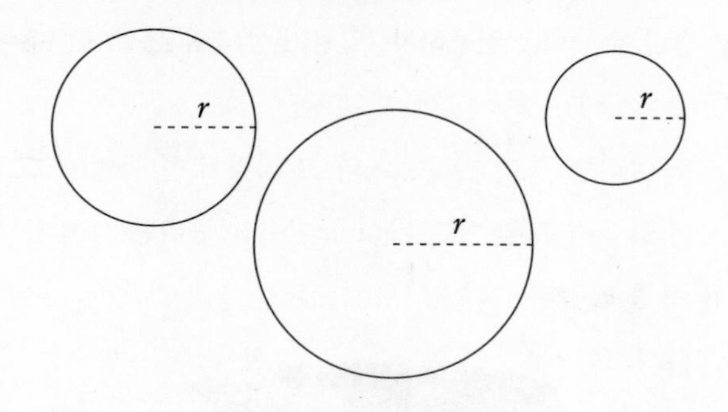

공식

원의 반지름을 r이라 할 때,

원둘레 길이　$l = 2\pi r$

원 넓이　$S = \pi r^2$

원주율 π라는 수가 그것이다. 원주율은 원둘레 길이의 비율이라는 뜻인데, 그렇다면 비율의 기준이 미리 정해져야만 한다. 물론 그것은 지름(또는 반지름)의 길이이다. 따라서 지름에 대한 원의 둘레가 항상 일정한 비율을 갖는데, 그 값이 원주율 π이다.

π라는 수 또한 무리수이다. 하지만, 그것이 왜 무리수인지를 밝히는 것은 $\sqrt{2}$ 나 $\sqrt{3}$ 이 무리수임을 밝히는 것보다 결코 쉽지 않다. 여기서는 원주율 π의 근삿값 구하는 문제를 중심으로 그 값을 추론하는 과정을 살펴보는 것으로 그치려 한다.

성경의 한 구절을 인용하자. 〈열왕기 상〉 7장 23절의 내용이다.

또 바다를 부어 만들었으니 그 직경이 십 규빗이요 그 모양이 둥글며 그 높이는 다섯 규빗이요 주위는 삼십 규빗 줄을 두를 만하며…

1906년 출판된 유대 백과사전 속의 청동 바다.

바다가 둥글다 하였다. 원둘레는 30규빗, 여기서 1규빗은 팔꿈치에서 가운데 손가락까지의 길이로 고대의 길이 측정 단위이다. 50cm 가량이라 보면 된다. 원둘레가 15m, 지름은 5m 정도이니, 성경을 제작한 사람들은 원주율 π값을 $\frac{30}{10}=\frac{15}{5}=3$이라 생각한 것 같다. 〈열왕기〉는 기원전 550년경에 만들어진 고대 유대인들의 경전이지만, 원전은 수백 년을 더 거슬러 올라간다고 한다. 이보다 훨씬 앞선 시대인 기원전 2000년 전의 고대 바빌로니아인들은 원주율 π값으로 3.125를 사용했고, 기원전 3000년 전의 고대 이집트인들은 $3\frac{1}{8}$과 $3\frac{1}{7}$ 사이의 값을 사용했다.

고대인들은 어떻게 그 값을 구할 수 있었을까? 확신할 수는 없지만, 추측해보는 것은 그리 어려운 일이 아니다. 먼 옛날 인류는 바퀴를 발명하기 훨씬 이전부터 어떤 새로운 패턴에 눈을 뜨게 되었을 것이다. 여러 개의 원이 신기하게도 일정한 형태를 갖고 있음을 인식하게 된 것이다. 짐작하건대 사람이나 기르던 가축의 눈동자에서, 하늘에 떠 있는 달이나 태양에서, 냇가에 돌을 던졌을 때 퍼져가는 물결의 모양에서, 크기는 다르지만 일정한 형태, 즉 원 모양이라는 패턴을 자연스럽게 발견하지 않았을까? 어느 날 모래밭에 앉아 그것들의 모양을 막대기로 그려보면서 모든 원이 크기만 다를 뿐 똑같이 생겼다는 사실을 깨달았을 것이다. 그러면서 일정한 길이의 밧줄을 잘라 모래밭에 한 쪽 끝을 고정시키고, 다른 한 쪽 끝에는 막대를 꽂아 줄을 팽팽하게 잡아당긴 상태로 한 바퀴를 돌면 하나의 원이 정확하게 그려진다는 것도 발견하였을 것이다.

어쩌면 바로 그 무렵, 인간은 동시에 양量의 개념도 파악하기 시작했을 것이다. 넓은 원과 좁은 원, 큰 나무와 작은 나무, 무거운 돌과 조금 더 무거운 돌 그리고 훨씬 더 무거운 돌을 구별할 수 있게 되었을 것이다. 이는 매우 중요한 의미를 갖는다. 이전까지는 사물을 색깔이나 촉감 등 질적으로만 구별하였던 반면에, 측정 개념을 수반한 양적 구별이 가능해진 것이다. 수학의 실체가 저 멀리 동녘에서 막 떠오르기 시작한 중요한 순간이다.

그후 인간은 오랜 시간에 걸쳐 사람이나 기르는 가축의 수를 헤아리기 위한, 즉 양적 개념을 나타내기 위한 숫자와 이를 언어로 표현하는 수 단어를 만들기 시작하였을 것이다. 처음에는 동물의 뼈나 나무 막대에 선을 그어 만드는 탤리tally로 시작했을 가능성이 높다. 원래 영어 tally는 '세다'는 뜻의 단어로 calculus와 비슷한 말이다. 이 단어들의 어원을 살펴보면 인류가 사용한 셈의 방식을 알 수 있다. tally는 '나무에 눈금을 새기다'는 뜻의 라

동물의 뼈에 선을 그은 탤리.

틴어 talea에서, calculus는 작은 돌을 뜻하는 라틴어 calculus에서 유래하였다. 우리말의 외상을 '긋는다'는 말도 이와 유사하다. 방물장수들이 외상값을 기둥에 금을 그어 나타내고 외상값을 받으면 지운 데서 생겨났다고 한다. '긋는' 일이 수를 표시하는 하나의 방법이었음을 알 수 있다. 쉽지 않았을 터이지만 그러한 노력이 오늘날의 아라비아 숫자의 탄생으로 이어졌다.

그런데 이 과정에는 오직 인간만이 행할 수 있는 추상화라는 지적 추론이 개입하게 된다. 추상화라는 것은 사람 두 명, 소 두 마리, 나무 두 그루와 같은 전혀 다른 대상이 '둘'이라는 공통적 수량을 가지고 있다는 또 다른 패턴을 발견하는 것이다. 이어서 돌의 부피가 두 배가 되면 무게도 두 배가 된다, 두 배 빨리 달리는 사람은 달린 거리도 두 배가 된다, 넓이가 두 배인 밭을 갈면 두 배 더 많은 작물을 수확할 수 있다는 양적 관계의 패턴을 발견하게 된다. 오늘날의 관점에서 보면, 함수 개념의 씨앗이 뿌려진 것이라 할 수 있다.

이렇게 추론을 거듭하다가 인류는 밧줄과 막대를 이용하여 원을 그리면서 새로운 패턴을 발견하게 되었을 것이다. 즉, 밧줄의 길이를 두 배로 하면 원둘레의 길이도 두 배가 되고, 그 넓이는 네 배가 된다는 정말 위대한 발견이 탄생한 것이다. 물론 이 발견에 이르기까지는 덧셈 등의 사칙연산과 같은 많은 수학적 지식이 중간 과정에 덧붙여져야 했을 것이다. 어찌됐든 비례하는 양이 일정한 비를 가진다는 발견은 π로 향한 여정에 커다란 디딤돌이 되었을 것이다. 인류는 마침내 다음과 같은 새로운 패턴을 발견하기에 이르렀다.

원둘레의 길이 : 지름의 길이 = (일정한 값의) 상수

고대 바빌로니아인들은 이 상수 값을 3.125라는 근삿값으로, 고대 이집트인들은 그 값을 $3\frac{1}{8}$과 $3\frac{1}{7}$ 사이의 값으로 추정하였다. 이제부터 우리 자신이 기원전 3000년경의 고대 이집트인이라고 상상하고 여기에 도전해보자.

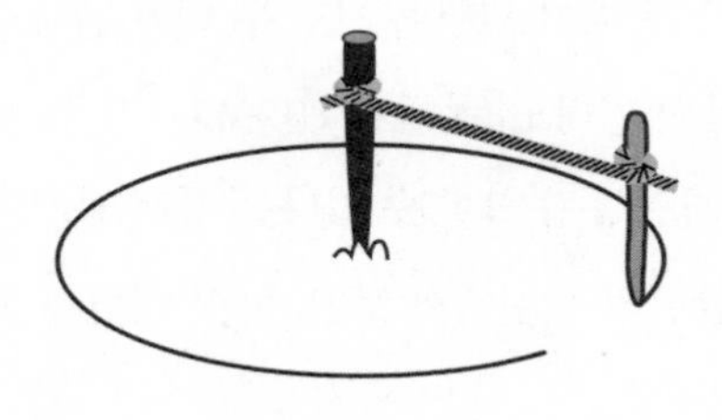

눈금이 있는 줄자는 물론, 십진법을 적용한 아라비아 숫자는 사용할 수 없다. 나눗셈과 같은 계산도 당연히 행할 수 없다. 컴퍼스나 연필은 물론 종이조차 없는 고대 이집트라는 사실을 잊지 말자. 이제 나일 강을 따라 펼쳐진 아주 평평하고 축축한 모래밭을 찾아본다. 그 곳에 말뚝을 박고 튼튼한 밧줄을 연결한 다음, 다른 한쪽 끝을 막대에 고정하자. 밧줄을 평평하게 하여 모래

밭에 원을 그리는 것이다.

중심에 박은 말뚝을 뽑아 그 구멍을 O라 정한다. 좀 더 긴 밧줄을 사용해 원 위의 한 점 A에서 시작해 구멍 O를 지나는 직선이 되도록 팽팽하게 잡아당긴다. 밧줄이 다시 원과 만나는 다른 한 점을 B라 하면, 밧줄 AB의 길이가 지름이 된다. 지름 AB는 앞으로 측정할 원둘레 길이의 단위가 될 것이다. 이제 AB 길이의 밧줄을 모래 위에 그려진 원 위의 한 점 A를 출발점으로 하여 원 위에 놓는다. 원주 위에서 밧줄의 다른 한쪽 끝이 이르는 곳을 숯으로 표시해 C라고 정한다. 다시 C에서 출발해 밧줄의 길이가 끝나는 원 위의 지점을 점 D로 표시한다. D에서부터 A 쪽으로 밧줄을 한 번 더 놓을 수 있다. 밧줄 끝은 곧 점 E가 된다. 그러면 원주 위에 약간의 여분이 남는다.

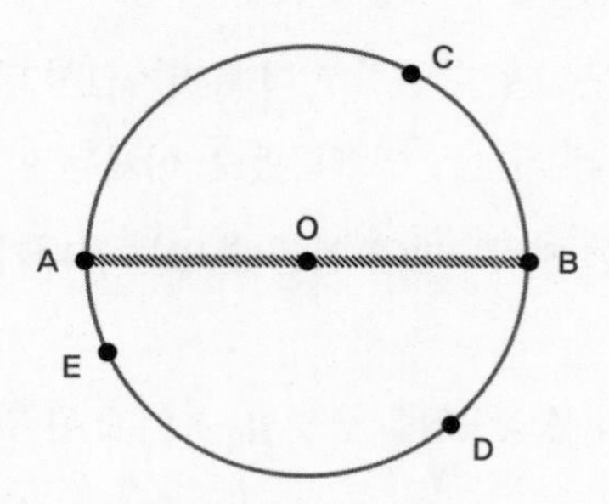

만일 그 여분을 무시하고 가장 가까운 정수의 값을 원주율로 정하면, π는 3이라는 값을 얻게 된다. 즉, 원주 위에 원의 지

름을 세 번 놓을 수 있다는 뜻이다. 좀 더 정확한 값을 얻고자 한다면 나머지 여분 길이인 EA를 반영하여야 한다. 우리가 애초에 AB를 단위 길이로 정하였으니, EA는 이를 기준으로 분수로 나타낼 수가 있다. 다음과 같이 그 분수 값을 구해보자.

곡선인 EA의 길이를 밧줄 위에 표시해, 그 길이가 AB 위에 몇 번 표시되는지 세어보는 것이다. 그 수는 대략 7번과 8번 사이다. 원의 호 EA의 길이는 단위 길이인 AB의 $\frac{1}{7}$과 $\frac{1}{8}$ 사이가 되므로, π에 대한 또 다른 근삿값을 얻을 수 있다. 즉 다음과 같은 근사값을 갖는다.

$$3\frac{1}{7}(=3.14285\cdots) \ \langle \ \pi \ \langle \ 3\frac{1}{8}(=3.125)$$

고대 이집트인들이 어떻게 그들 나름의 π값을 찾아냈는지 이해했을 것이다. 그후 다양한 시대를 거치면서 더 정확한 π값을 구하기 위한 숱한 시도가 진행되었다. 이제는 원주율 π에 대한 근삿값을 원하는 자릿수만큼 얻을 수 있는 시대가 되었다.

원주율 π가 무리수임을 증명할 수 있게 된 것은 무리수 $\sqrt{2}$와는 달리 지금부터 채 150년 정도밖에 되지 않는다. 스위스 수학자 요한 하인리힐 람베르트와 프랑스 수학자 르장드르가 증명해냈다. 여기서 소개하는 것은 무리가 있지만, 그들의 추론을 요약하면 다음과 같다.

> x가 0이 아닌 유리수이면 $\tan x$는 유리수가 될 수 없다. 따라서 $\tan x$가 유리수이면 x는 무리수이거나 0이다.
>
> 그런데 $\tan \frac{\pi}{4}=1$이므로 유리수이다. 따라서 $\frac{\pi}{4}$는 무리수이고, 결국 π는 무리수이다.

무리수에 대한 더 이상의 논의는 이 책의 범위를 벗어날 것 같다. 마지막으로 숫자 이름에 '황금'이라는 단어가 들어가는 무리수를 소개하고 피타고라스에서 출발한 여정을 마무리하려 한다.

에필로그

이름에 황금이 붙은 숫자

피타고라스학파가 사라진 후 약 2백여 년의 시간이 흘렀다. 서른두 살밖에 되지 않은 마케도니아의 젊은 왕이 세계를 정복하면서 알렉산더 대제라는 칭호를 얻었다. 알렉산더가 정복한 땅은 그리스에서 인도까지로 당시 유럽 지역에 살던 사람들이 생각하던 세계의 거의 전부였다. 하지만 알렉산더 대제의 때 이른 죽음과 함께 거대한 제국은 여러 개의 작은 제국으로 분열되었다.

알렉산더는 이집트를 정복한 후 나일 강 하구에 자신의 이름을 딴 도시 알렉산드리아를 건설하였다. 알렉산드리아를 포함한 이집트는 알렉산더의 부하였던 프톨레마이오스 가문의 차지가 된다. 프톨레마이오스 2세는 여동생과 혼인함으로써 그리스인임에도 불구하고 옛 이집트 왕들의 관습을 따랐다. 그가 남겨놓은 뜻 깊은 업적은 알렉산드리아 박물관과 도서관의 건립이었다.

이집트, 그리스, 유대 문명의 교차로였던 알렉산드리아는 세계 문명의 용광로라 할 수 있는 오늘날의 뉴욕과 같은 도시였다. 무엇보다도 도서관의 건립은 알렉산드리아뿐만 아니라 세계 지성인들에게 커다란 축복이었다. 프톨레마이오스 2세는 도서 구입을 전담하는 관리를 곳곳에 파견해 귀중한 필사본을 널리 수집하였다. 만일 이집트에 입국한 여행자가 책을 소지했다면, 도서관에 맡겨 복사한 후에 사본만 원주인에게 돌려줄 정도였다. 그의 뒤를 이은 프톨레마이오스 3세 역시 도서 수집에 광적인 집착을 보였다. 율리우스 카이사르라는 전쟁광이 이끄는 무뢰한들의 침략을 받기 전까지 도서관에는 75만 권 가까운 장서가 보관되었다고 한다.

도서관 못지않게 인상적인 곳은 '무세이온'이었다. 오늘날 박물관의 원조라고 알려져 있지만, 사실상 대학이라고 하는 것이 옳을 것 같다. 프톨레마이오스는 유명한 학자들과 계약을 맺고 무세이온에서 가르치도록 하였다. 알렉산드리아는 곧 세계 학문의 중심지가 되었다.

알렉산드리아의 학문집단은 주로 그리스인, 이집트인, 유대인으로 구성되어 있었고, 도시 주변도 같은 상황이었다. 이곳은 이집트 본토가 아니었기 때문에 '이집트 근처에 있는 알렉산드리아'로 불렸다. 어느 곳에도 속하지 않는 자신만의 독특한 문화가 특징이었다. 시민들은 활기차고 위트에 넘쳤다. 그들은 군인으로서는 쓸모가 없었다. 싸움에 아무런 관심도 없었기 때문이다. 처음 세 명의 프톨레마이오스 왕들은 매우 진보적이고 계몽적인 군주들이었다. 하지만 프톨레마이오스 왕조는 점차 타락의 길을 걷다가 클레오파트라 여왕 시대에 이르러 결국 나라가 사라지는 운명에 놓이게 된다.

프톨레마이오스가 알렉산드리아로 데려온 학자들 중에 유클리드라는 사람이 있었다. 언제 어디서 태어났는지 알려져 있지 않기 때문에, 오늘날에도 '알렉산드리아의 유클리드'라고만 한다. 그는 무엇보다도 출판인들의 꿈을 실현한 인물이라는 점에서 주목받을 만하다. 그가 쓴 《원론》*Elements*은 지금까지 출판된 교과서 중의 교과서이며 베스트셀러이기 때문이다. 15세기 인쇄술 발명 이후에만 천 쇄 이상 출판되었을 것으로 짐작된다. 사실상 오늘날 모든 학교의 기하학 교과서는 유클리드 원론의 재탕이라 하여도 틀리지 않다. 무리수에 대한 이야기를 마감하는 자리에서 유클리드와 그의《원론》에 대하여 세세한 설명을 늘어놓을 여유는 없다. 다만 주어진 선분을 두 쪽으로 분할하는 특정한 하나의 점에 대한 유클리드의 설명에 주목하려고 한다.

하나의 선분을 분할하는 방법은 무수히 많다. 이등분하여 1:1 비로도, 삼등분하여 2:1이라는 비로도 나타낼 수 있다.

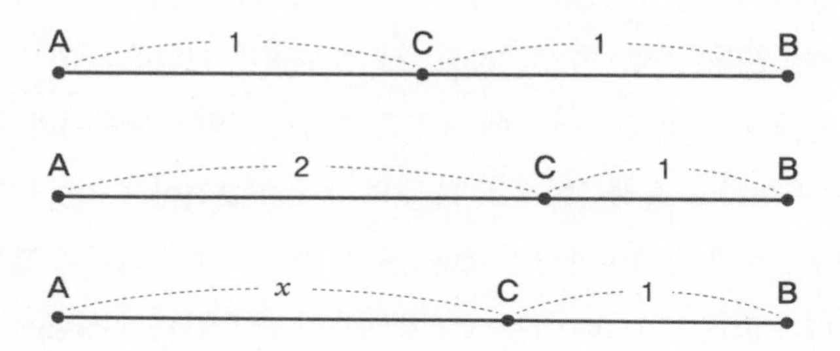

그림의 마지막 선분에 나타난 x라는 수는 유리수가 아니다. 만일 그것이 유리수 $\frac{q}{p}$(p, q는 자연수)라 하면 $\frac{q}{p}:1=p:q$이므로, 1:1이나 2:3과 같은 자연수의 비로 나타낼 수가 있다. 하지만 이 점은 선분 위의 수많은 점 중에서 주어진 선분을 '황금분할'하는 점이라는 멋진 이름을 가지게 되었다. 그래봐야 선분 위에 있는 단순한 점 하나에 지나지 않음에도 불구하고, 이 점은 세상 사람들이 오늘날까지도 '황금비' 또는 '황금분할'이라 부르는 찬미의 대상이 되었다. '황금분할'이라는 점을 최초로 명확하게 수학적인 정의에 의해 규정한 사람이 바로 유클리드였다. 그는《원론》에 다음과 같이 기록하였다.

하나의 선분 전체와 이를 둘로 나누었을 때 길이가 긴 선분의 비가, 길이가 긴 선분과 짧은 선분의 비와 같을 때, 이 직선은 황금비라고 한다.

유클리드는 '황금비'라고 부르지 않고, 실제로는 '외중비' *medial ratio*라고 하였다. 이 특정한 수 또는 기하학적 비율에 '황금비' 또는 '황금수' '황금분할'이라는 이름을 붙여 경의를 표한 것은 19세기에 이르러서다. 16세기 초에 이탈리아에서 출간된 책에는 '신성한 비'*divine ratio*라고 표기되어 있다. 유클리드가 말한 거추장스럽고 복잡한 설명은 단 하나의 식으로 보다 분명하게 나타낼 수가 있다.

$$\frac{AB}{AC} = \frac{AC}{CB} \text{ 이므로 } \frac{x+1}{x} = \frac{x}{1}$$

양변에 x를 곱하여 정리하면 다음과 같은 이차방정식을 얻는다.

$$x^2 - x - 1 = 0$$

그리고 이 방정식의 두 근 중에서 양수만 선택하면 다음과 같다.

$$x = \frac{1+\sqrt{5}}{2} = 1.6180339887\cdots\ (=\varphi)$$

이 수는 소위 황금비율의 값으로 φ라고 표기한다. 피fi라는 발음 때문에 파이π와 혼동할 수도 있는데, 원래는 그리스어로 '절단' 또는 '분할'을 뜻하는 토미$\tau o\mu\eta$의 첫 자를 따서 타우τ라고 적었다. 그런데 20세기 초에 어느 미국인 수학자가 고대 그리스 조각가 피디아스의 이름 첫 자를 따서 피(phi, φ)라고 명명했다고 한다. 아마도 피디아스의 작품인 파르테논 신전이나 올림포스 신전의 제우스 상 등에서 황금비를 발견할 수 있다는 주장을 받아들였기 때문인 것 같다. 황금비는 시각적으로 탁월한 아름다움을 선사할 뿐 아니라, 괴이하게도 수많은 자연 속에 내재되어 더욱 흥미를 돋운다. 한편 수 자체만으로도 몇 가지 놀라운 특징을 보인다.

$$\varphi^2 = \left(\frac{1+\sqrt{5}}{2}\right)^2 = \frac{6+2\sqrt{5}}{4} = 1+\frac{1+\sqrt{5}}{2} = 1+\varphi$$
$$= 2.6180339887\cdots$$

이처럼 제곱을 하여도 소수점 아래의 수가 똑같다. 이번에는 역수를 취해보자.

$$\frac{1}{\varphi} = \frac{2}{1+\sqrt{5}} = \frac{\sqrt{5}-1}{2} = 0.6180339887\cdots$$

역시 소수점 이하에서 똑같은 수를 발견할 수 있다. 즉 황금비의 값은 제곱하면 원래 자신에 1을 더한 것과 같고, 역수를 취하면 자신에게서 1을 뺀 것과 같다. 뿐만 아니라 황금비의 값을 구하는 앞의 이차방정식에서 나온 음의 해였던 $\frac{1-\sqrt{5}}{2}$(이를 $\frac{1+\sqrt{5}}{2}$와 짝을 이룬다고 하여 켤레라고 부른다)는 $-\frac{1}{\varphi}$이 된다. 즉 역수의 음수와 같다.

더 놀라운 사실은 기기묘묘한 여러 수학식으로부터 황금비율인 φ를 도출해낼 수 있다는 점이다. 다음 제곱근을 보라.

$$\sqrt{1+\sqrt{1+\sqrt{1+\sqrt{1+\sqrt{1+\cdots}}}}}$$

한없이 계속되는 이 이상한 식의 값은 도대체 얼마일까? 어떻게 구할 수 있을까? 차근차근 하나씩 해결해보는 것이 상책일지 모른다. 우선 $\sqrt{1+\sqrt{1}}$을 구해보자. 물론 $\sqrt{2}$이다. 이제 $\sqrt{1+\sqrt{1+\sqrt{1}}}$의 값을 구해보자. $\sqrt{1+\sqrt{2}}$를 계산하면 되는데, 만만치 않다. 더군다나 계산을 계속한다고 하여 어느 일정한 값으로 수렴할 수 있을지 확신이 서지도 않는다. 무한히 반복되는 이 수가 얼마인지, 과연 그 값을 아는 것이 가능하기나 할지 의심이 들 정도이다. 이쯤 되면 포기하고 전혀 다른 방안을 찾아보는 것이 상책이다.

발상의 전환을 하자. 어쩌면 우리가 그동안 수없이 경험한 방정식 풀이 절차에서 답을 얻을 수 있을지 모른다. 정말 기막히게 멋진 해법은 오히려 평범 속에서 찾을 수 있으니까. 그래서 일단 모르는 것은 무조건 미지수라 정해놓고 그 다음 절차를 생각해보자.

$$x = \sqrt{1+\sqrt{1+\sqrt{1+\sqrt{1+\sqrt{1+\cdots}}}}}$$

그런데 이 식의 내부를 잠시만 자세히 들여다보라. 근호 안에 있는 '1 + ' 다음에 나타나는 또 다른 근호에 주목하자.

$$x = \sqrt{1+\boxed{\sqrt{1+\sqrt{1+\sqrt{1+\sqrt{1+\cdots}}}}}}$$

처음에 제시한 똑같은 식이 무한히 반복되고 있다. 다시 x이다. 그렇다면 위의 식은 다음과 같이 나타낼 수가 있다.

$$x = \sqrt{1+x}$$

양변을 제곱하여 다음을 얻는다.

$$x^2 = 1 + x$$

황금비의 값을 얻을 때와 똑같은 이차방정식이 나타났다. 따라서 두 실수 해 중에서 양수만 선택하면 다음과 같다.

$$x = \frac{1+\sqrt{5}}{2} \ (=\varphi)$$

이뿐만이 아니다. 또 다른 형태의 무한히 반복되는 식으로부터 황금비의 값을 얻을 수 있다. 다음 분수식이 그것이다.

$$1 + \cfrac{1}{1 + \cfrac{1}{1 + \cfrac{1}{1 + \cfrac{1}{1 + \cdots}}}}$$

한없이 연속적으로 반복된다고 하여 연분수(連分數, continued fraction)라고 한다. 이 연분수의 값은 얼마일까? 마찬가지로 값을 구하는 것이 가능하기나 할까? 이번에도 일단 미지수 x라 하고 관찰해보자.

$$\mathrm{x} = 1 + \cfrac{1}{1 + \cfrac{1}{1 + \cfrac{1}{1 + \cfrac{1}{1 + \cdots}}}}$$

우변의 덧셈식에 들어 있는 분수의 분모에 주목하라. 처음에 제시한 똑같은 식이 나타난 것이다. 다시 x이다. 그렇다면 위의 식은 다음과 같이 나타낼 수 있다.

$$x = 1 + \frac{1}{x}$$

양변에 x를 곱하여 다음 식을 얻는다.

$$x^2 = 1 + x$$

앞에서와 똑같은 이차방정식을 얻을 수 있다. 그래서 두 실수 해 중에서 양수만 선택하면 다음과 같다.

$$x = \frac{1 + \sqrt{5}}{2} \; (=\varphi)$$

하나의 무리수에 불과한 φ는 황금비율이라는 화려한 이름에 걸맞게 우리를 둘러싼 이 세계의 곳곳에서 자신의 모습을 드러낸다. 하다못해 한 알의 사과 속에서도 황금비율을 발견할 수 있다. 사과를 가로로 분할하면, 사과 씨들이 꼭짓점 5개의 별 모양을 하고 있는 모습이 보인다. 이를 펜타그램이라고 한다. 이 펜타그램의 꼭짓점을 이루는 5개의 이등변삼각형에서 긴 변과 짧은 변의 비가 황금비율 φ이다. 이는 빙산의 일각에 불과하다. 앵무조개 같은 연체동물의 껍데기에는 나선형 구조가 들어 있는

데, 이 또한 황금비에 들어맞는 패턴이다.

이처럼 황금비율 φ는 전혀 예상하지 못한 곳에서 불쑥불쑥 자신의 존재감을 드러내고는 한다. 그래서인지 몰라도 황금비율에 대한 경외감을 넘어 신비주의로 흐르는 경향이 없지 않다. 미술, 건축은 물론, 유명 작곡가의 작품에도 황금비율이 보인다는 주장이 넘쳐난다. 아마도 가장 대표적인 것은 황금비 φ의 이름을 따온 피디아스가 조각한 파르테논 신전일 것이다.

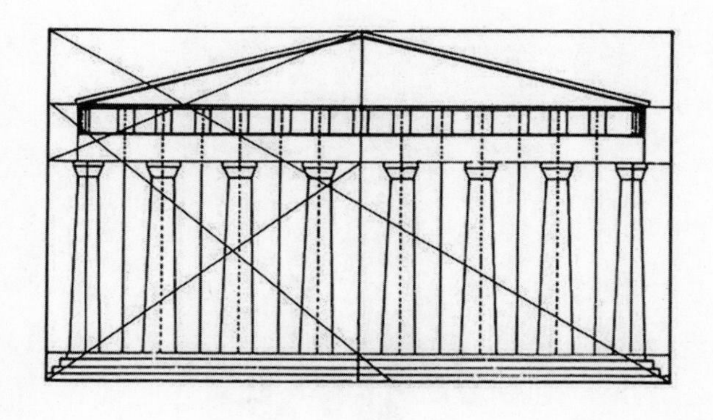

하지만 조지 마코스키라는 수학자는 파르테논 신전이 실제로는 황금직사각형이 아니고 그 치수가 문헌마다 다르다는 것, 그래서 황금비에 맞추기 위해 숫자를 조작했다는 주장을 내놓았다. 마빈 트라첸버그와 이자벨 하이먼도 자신들의 공저《건축: 선사시대에서 포스트모더니즘까지》에서 파르테논 신전의 높이는 13.74m이고 폭은 30.88m이기 때문에, 그 비가 2.25로 황금비와

는 거리가 멀다고 밝혔다. 파르테논 신전에서 황금비율이 보이든 말든, 사람들은 황금비율에 의해 건축된 건물이라는 믿음을 쉽게 저버리지 못하고 있는 것이 사실이다. 그리고 황금비율은 화려한 이름에 걸맞은 극치의 아름다움을 보여준다는 확신도 갖는다. 이런 생각과 믿음은 르네상스 시대의 위대한 천재 레오나르도 다빈치에 의해 더욱 공고해졌다. 그의 간결하고 아름다운 드로잉 〈비트루비우스적 인간〉은 그 절정을 보여준다.

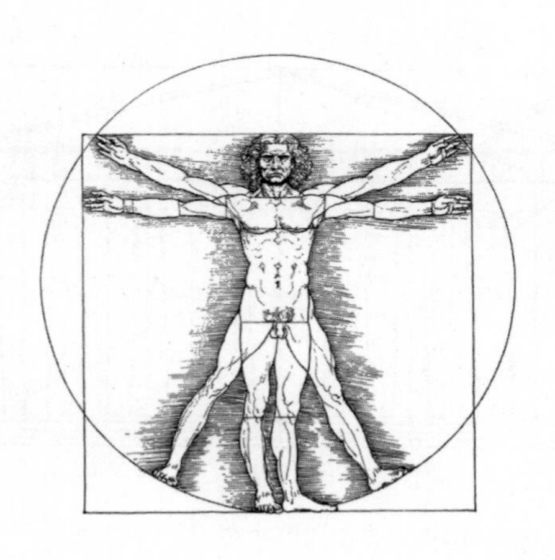

아름다움은 느끼는 것이 아니라 이해되는 것으로 바뀐다. 그래서 황금비는 아름다움과 떼려야 뗄 수 없는 관계가 되었고, 아름다운 대상 속에 약간의 수학적인 것이 보이면 황금비를 찾는 습성을 갖게 된 것은 아닌지 모르겠다. 그리하여 마침내 몬드리안의 〈브로드웨이 부기우기〉 같은 작품에서 그림을 구성하는 거의 모든 수직선과 수평선에 황금비가 적용되었다는 주장을 낳기에 이르렀다.

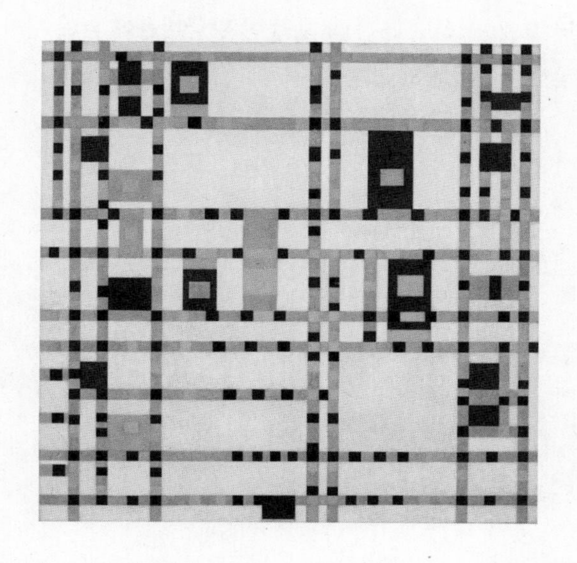

하지만 몬드리안은 자기 작품을 두고 산술적인 계산에 빠져드는 사람들을 비웃었다고 한다. 그는 황금비는커녕 어떤 수학적 비 체계를 사용해본 적이 없는 사람이라고 몬드리안의 전기를 쓴 하버드 대학의 이브알랭 부아는 증언하고 있다. 많은 화가들이 자기 작품에 황금비를 사용하려고 하는 것은 사실이다. 하지만 그것이 아름다움을 담보하는 것은 아니다. 아름다움은 느끼는 것이지 계산되는 것이 아니다.

그럼에도 불구하고 만일 이 책의 독자가 제목과 내용은 보지 않은 채 겉모양만을 보고 이 책을 선택했다 하더라도, 자신의 미적 감각에 자부심을 가져도 좋다. 이 책은 판형과 표지 디자인의 여러 요소, 그리고 본문 체제 등이 황금비율에 의해 디자인되고 제작되었기 때문이다.